国防科技图书出版基金

颗粒增强镁基复合材料

Particle Reinforced Magnesium Matrix Composites

王晓军 吴 昆 等著

国防工业出版社

·北京·

图书在版编目(CIP)数据

颗粒增强镁基复合材料/王晓军等著. —北京:国防工业出版社,2018.4
ISBN 978-7-118-11567-3

Ⅰ.①颗… Ⅱ.①王… Ⅲ.①镁-复合材料-研究 Ⅳ.①TB333

中国版本图书馆 CIP 数据核字(2018)第 057277 号

※

*国防工业出版社*出版发行

(北京市海淀区紫竹院南路 23 号 邮政编码 100048)
天津嘉恒印务有限公司印刷
新华书店经售

*

开本 710×1000 1/16 印张 15½ 字数 283 千字
2018 年 4 月第 1 版第 1 次印刷 印数 1—2000 册 定价 86.00 元

(本书如有印装错误,我社负责调换)

国防书店:(010)88540777 发行邮购:(010)88540776
发行传真:(010)88540755 发行业务:(010)88540717

致 读 者

本书由中央军委装备发展部**国防科技图书出版基金**资助出版。

为了促进国防科技和武器装备发展,加强社会主义物质文明和精神文明建设,培养优秀科技人才,确保国防科技优秀图书的出版,原国防科工委于1988年初决定每年拨出专款,设立国防科技图书出版基金,成立评审委员会,扶持、审定出版国防科技优秀图书。这是一项具有深远意义的创举。

国防科技图书出版基金资助的对象是:

1. 在国防科学技术领域中,学术水平高,内容有创见,在学科上居领先地位的基础科学理论图书;在工程技术理论方面有突破的应用科学专著。

2. 学术思想新颖,内容具体、实用,对国防科技和武器装备发展具有较大推动作用的专著;密切结合国防现代化和武器装备现代化需要的高新技术内容的专著。

3. 有重要发展前景和有重大开拓使用价值,密切结合国防现代化和武器装备现代化需要的新工艺、新材料内容的专著。

4. 填补目前我国科技领域空白并具有军事应用前景的薄弱学科和边缘学科的科技图书。

国防科技图书出版基金评审委员会在中央军委装备发展部的领导下开展工作,负责掌握出版基金的使用方向,评审受理的图书选题,决定资助的图书选题和资助金额,以及决定中断或取消资助等。经评审给予资助的图书,由中央军委装备发展部国防工业出版社出版发行。

国防科技和武器装备发展已经取得了举世瞩目的成就,国防科技图书承担着记载和弘扬这些成就,积累和传播科技知识的使命。开展好评审工作,使有限的基金发挥出巨大的效能,需要不断地摸索、认真地总结和及时地改进,更需要国防科技和武器装备建设战线广大科技工作者、专家、教授,以及社会各界朋友的热情支持。

让我们携起手来,为祖国昌盛、科技腾飞、出版繁荣而共同奋斗!

国防科技图书出版基金
评审委员会

前　言

金属基复合材料拥有其独特的性能优势,是军用和民用领域都不可或缺的一类新型的先进金属材料。其中,镁基复合材料作为密度最小的金属基复合材料,具有高比刚度和高比强度,在航空航天等装备的轻量化领域具有广泛的应用前景。但是,镁基复合材料高昂的成本严重限制了它们在相关领域的应用。因此,开发低成本高性能镁基复合材料已经迫在眉睫。基于此,作者团队开发了颗粒增强镁基复合材料。国内目前有关镁基复合材料的论著较少,且尚未见颗粒增强镁基复合材料方面的专门书籍,这十分不利于镁基复合材料的应用推广。鉴于此,作者编写此书。希望本书能让更多设计和工程技术人员了解镁基复合材料,加强镁基复合材料的工程应用推广。

哈尔滨工业大学镁基材料课题组从20世纪90年代初开始一直从事镁基复合材料研究。本书是本课题组有关颗粒增强镁基复合材料的研究工作总结,全书共分8章。第1章简要介绍了镁基复合材料的国内外研究现状;第2、3章分别详细介绍了SiC颗粒增强镁基复合材料的搅拌铸造和挤压铸造制备技术;第4章主要介绍了SiC颗粒增强镁基复合材料的高温变形行为和机理;第5章详细介绍了SiC颗粒增强镁基复合材料的热挤压成型工艺及其对组织和性能调控规律;第6章简要介绍了镁基复合材料的腐蚀行为;第7章重点介绍了SiC颗粒增强镁基复合材料的微弧氧化涂层防腐技术;第8章简要介绍了颗粒增强镁基复合材料的工程应用技术,并对颗粒增强镁基复合材料的应用进行了展望。上述内容主要来源于本课题组的镁基复合材料方面的学位论文,在此对参与相关研究工作的硕士生和博士生所做出的创造性贡献致以谢意。同时,书中还引用了国内外学者的研究工作与成果,也向他们表示谢意。

本书既介绍了颗粒增强镁基复合材料的制备、成型和防腐技术,又论述了颗粒增强镁基复合材料的组织与性能调控规律及机制,体现了材料研究和工程应用相结合的思路。因此,本书适合高等院校、科研机构及企业从事金属基复合材料相关领域的研究人员、设计人员和技术人员参考阅读。

镁基复合材料作为一种新型的轻质材料,仍在迅速发展中,一些理论、技术和概念在不断更新中,加之时间有限以及作者水平的局限性,难免有一些不当之处,恳请读者批评指正,不胜感激。

　　本书部分研究工作得到国家重点研发计划（2017YFB0703100 和 2016YFB0301102）和国家自然科学基金（51471059 和 51671066）的资助,在此表示感谢。感谢博士生向烨阳和李雪健在编撰过程中的辛苦工作和大力帮助。

　　特别感谢国防科技出版基金的出版资助。

作者
2017 年 8 月于哈尔滨工业大学

作者

目　　录

Contents

第1章 绪 论

1.1 概 述

金属基复合材料(Metal Matrix Composites, MMC)是将长纤维、短纤维和颗粒状的增强体添加到连续的金属基体中而制备成的复合材料。金属基复合材料主要包括铝基复合材料、镁基复合材料(Magnesium Matrix Composites, MgMC)和钛基复合材料等。一般而言,金属基复合材料发挥了金属基体和增强体各自特有的性能,进而表现出优异的性能,有着广泛的应用前景。镁基复合材料的基体为镁及镁合金。由于镁的密度低($1.7g/cm^3$),是铝($2.7g/cm^3$)的2/3、铁($7.8g/cm^3$)的1/4,具有高的比强度和高的比刚度,是自然界中能够使用的最轻的金属材料。因此,密度小成为镁基复合材料独有的优势,这是其他金属基复合材料无法比拟的。同时,由于镁合金的低硬度、低模量、低的磨损抗力、高的膨胀系数和较差的高温性能等缺点限制了镁合金作为结构材料在工业上的广泛应用,而镁基复合材料正好克服了镁合金的这些缺点,并成为继铝基复合材料之后的又一具有竞争力的轻金属基复合材料,是一种轻量化的先进材料。由于镁基复合材料具有高的比刚度和热导率,在有些方面的性能甚至超过了铝基复合材料,因此越来越多地应用于航空航天及汽车工业。

镁基复合材料按照增强体种类可以分为两大类,即连续纤维(长纤维)增强镁基复合材料与非连续(短纤维、晶须和颗粒)增强镁基复合材料。连续纤维增强镁基复合材料在特定方向表现出超高的比强度和比刚度,已应用于航天领域的一些关键部件。但是,连续纤维增强镁基复合材料的各向异性和高昂成本限制了其广泛应用。非连续增强镁基复合材料具有各向同性,可以成型加工,是目前研究最广泛的镁基复合材料。总体而言,镁基复合材料的成本较高,难于生产大尺寸的镁基复合材料。因此,开发出低成本高性能的镁基复合材料对于镁基复合材料的应用意义重大。镁基复合材料的成本主要由两个方面构成,即增强体成本和制备工艺成本,这就极大地限制了镁基复合材料的广泛使用。增强体成本,可以选用价格低廉的增强体来克服。在连续纤维、短纤维、晶须和颗粒4类增强体中,颗粒增强体的成本较低,例如 SiC 颗粒价格与目前镁合金的价格相当。因此,颗粒增强镁基复合材料可以具备较低的原材料成本。另外,目前制备金属基复合材料的方法主要有挤压铸造法、搅拌铸造法和粉末冶金法等,选择合适的制备技术、开发低成本的镁基复合材料制备工艺对降低镁基复合材料成本的效果也十分明显。颗粒增强镁基复合材料是镁基复合材料中最有可能广泛应用的一类复合材料,对其展开研究具有十分的重要意义。

镁及其合金为密排六方结构(HCP),室温下塑性成形能力差,而在镁合金中加入陶瓷颗粒后,进一步降低了材料的塑性成形能力,使复合材料的应用受到了一定的限制,因此镁基复合材料高温成型已成为一个必须解决的关键问题。在铸态复合材料中不可避免地存在气孔、疏松和缩孔等缺陷,也必须采取高温变形以提高复合材料的致密性和力学性能。如果不解决颗粒增强镁基复合材料的成型加工问题,不掌握镁基复合材料在热变形过程中显微组织和性能的调控规律,则将极大地限制颗粒增强镁基复合材料的应用范围。因此,研究颗粒增强镁基复合材料的高温变形行为具有重要的学术价值和工程意义。

综上所述,研究颗粒增强镁基复合材料低成本的制备技术和成型技术不仅对镁基复合材料的工业化应用和生产具有重要意义,也有利于完善镁基复合材料的材料体系,对镁基复合材料的设计和开发具有重要的理论和实践意义。为此,本书将对颗粒增强镁基复合材料进行深入论述。

1.2 非连续增强镁基复合材料研究与应用现状

按照镁基复合材料中增强体的产生方式,非连续增强镁基复合材料可分为两大类,即原位自生增强镁基复合材料和外加增强体增强镁基复合材料。原位自生增强镁基复合材料是在复合材料制备过程中通过两种或多种元素之间或者化合物之间在基体中的化学反应生成。外加增强体在制备复合材料之前需要单独合成或生产,通过固态工艺或液态工艺添加入镁合金基体中。两类镁基复合材料的制备工艺和性能各有特点。目前,有关镁基复合材料的研究和应用主要集中在外加增强体增强镁基复合材料,对原位自生镁基复合材料的研究相对较少一些。

1.2.1 原位自生增强镁基复合材料

原位自生增强体在基体中一般具有良好的热力学稳定性,与基体润湿性好,界面结合强度高,增强体尺寸可控,具有良好的增强效果。目前,原位自生增强镁基复合材料主要采用反应自生技术,主要包括自蔓延高温合成法、放热弥散法、直接反应法、熔盐辅助法、机械合金化法等。原位自生颗粒主要有 TiC、TiB_2、

Mg_2Si、AlN、准晶相等。在原位增强镁基复合材料研究方面,在国内吉林大学、上海交通大学和中南大学等做了大量的研究工作。

吉林大学王慧远对原位自生 Al—Ti—C 和 Al—Ti—B 体系的自蔓延高温合成反应机理进行了深入研究。研究表明,在镁熔体,Al—Ti—C 体系的自蔓延高温合成反应过程中,Al、Ti 和 C 之间可以通过 Al—Ti 反应形成 $TiAl_x$ 过渡相,然后 $TiAl_x$ 进一步和 C 反应形成 TiC;另外,Ti 和 C 之间的直接反应也能够形成 TiC。在 Al—Ti—B 体系中,反应形成 TiB_2 可能有 3 种途径,即 $AlB_2(s)$—$TiAl_3(s)$、$Ti(s)$—$AlB_2(s)$ 和 $B(s)$—$TiAl_3(s)$ 之间的反应;此外,固溶态的 [B] 和 [Ti] 之间的反应也可以形成 TiB_2。与 ZM5 合金相比,采用自蔓延高温合成制备的 6%(质量分数)TiC/ZM5 原位增强镁基复合材料强度、韧性同时提高,抗拉强度达到了 262 MPa,延伸率达到了 6.2%。原位 TiC、TiB_2 和 TiC+TiB_2 颗粒增强镁基复合材料的硬度明显高于 AZ91D 和 ZM5 镁合金的硬度;随着颗粒体积分数的增加,硬度值也增加;原位颗粒尺寸对硬度的影响不明显。

陈晓采用放热反应法、直接反应法和铸造法 3 种原位复合工艺分别制备了 TiC、MgO 和 Mg_2Si 颗粒增强镁基复合材料。在铸态和 T6 处理态下,Mg_2Si/ZM5 复合材料的室温与高温(200℃)强度都比 ZMS 合金高。对自生 Mg_2Si/ZM5 复合材料的变质研究表明,Sr 和 Ca 对自生 Mg_2Si 有着较明显的变质效果。Mg_2Si/ZM 复合材料中,加入 Sr 或 Ca 后,Mg_2Si 相由粗大的树枝状、块状或汉字状变为细小的多角形块状。

李新林首次采用放热弥散法原位 TiC 颗粒增强镁基复合材料。首先由 Al—Ti—C 体系自蔓延高温反应合成 TiC 颗粒,制得 TiC/Al 中间合金,之后将此中间合金直接在镁合金熔体中重熔及脱粘并在半固态温度区间加以机械搅拌制备原位 TiC 颗粒增强镁基复合材料。含量为 8%(质量分数)TiC/AZ91 镁基复合材料具有最高的拉伸强度和硬度,分别比基体提高了 46% 和 34%。

张从发采用 Si_3N_4 颗粒作为反应添加物、以 AZ91 作为基体合金,反应自生 AlN + Mg_2Si 颗粒混杂增强镁基复合材料体系,并提出了控制增强相颗粒尺寸和形状的方法。研究表明,通过降低原料 Si_3N_4 颗粒的尺寸可有效降低反应自生 AlN 增强相颗粒的尺寸;通过添加合金元素控制 Mg_2Si 增强相在熔体中的形核和长大,可以控制 Mg_2Si 增强相颗粒的尺寸;通过改变复合材料的凝固冷却速率,可使 Mg_2Si 增强相颗粒的多边形边角发生钝化。原位自生 AlN 和 Mg_2Si 提高了材料的抗高温蠕变性能。

1.2.2 外加增强体增强镁基复合材料

在传统意义上,金属基复合材料是指外加增强体增强的金属基复合材料,本书所述的镁基复合材料也主要是指外加增强体增强的镁基复合材料。镁基复合材料的制备方法主要有搅拌铸造法、挤压铸造法、粉末冶金法和喷射法等。增强体颗粒主要有 SiC 晶须、硼酸铝晶须、SiC 颗粒、B_4C 颗粒和短碳纤维等。晶须增强的镁基复合材料目前主要采用挤压铸造制备,颗粒增强镁基复合材料采用搅拌铸造和挤压铸造较多。镁基复合材料的典型力学性能如表 1-1 所列。

20 世纪 80 年代开始,国内外对镁基复合材料进行了深入研究,取得了一定的研究和应用成果。尽管如此,与铝基复合材料相比,镁基复合材料研究还远远不够。美国 TEXTRON 公司和 DOW 化学公司利用 SiC 颗粒增强 Mg 复合材料制造螺旋桨、导弹尾翼等;美国海军研究所采用 B_4C 颗粒增强 Mg-Li 基复合材料、B 颗粒增强 Mg-Li 基复合材料制造航天器天线构件。

表 1-1　镁基复合材料的典型拉伸力学性能

复合材料	体积分数/%	屈服强度/MPa	抗拉强度/MPa	延伸率/%	弹性模量/GPa	制备工艺	参考文献
SiCp①/CP-Mg	20	304	350	1.0	66	粉末冶金	[19]
Al_2O_{3sf}/AZ91	15	—	410	—	58	粉末冶金	[20]
SiCw/ZK60A	15	455	581	2.0	84	粉末冶金	[21]
SiCw/AZ91	21	220	355	85	1.4	挤压铸造	[22]
Al_2O_{3sf}/AZ91	20	230	290	1.4	69	挤压铸造	[22]
SiCw/Mg-12Li	12	—	302	2.3	96	挤压铸造	[22]
SiCp/AZ91(T6)	15	285	375	2.	59	搅拌铸造	[3]
SiCp/AZ91(T6)	20	330	390	1.3	71	搅拌铸造	[3]
SiCp/AZ91(T6)	25	310	330	0.8	79	搅拌铸造	[3]

注:sf—短纤维;w—晶须;cp—商业纯镁

美国先进复合材料公司和海军地面战争中心合作研究采用粉末冶金法制备 SiC 晶须或 B_4C 颗粒增强 ZK60 镁基复合材料,目标用于海军卫星上的结构零件如轴套、支柱和横梁。美国海军研究所和斯坦福大学利用 B_4C 颗粒增强 Mg-Li 合金制造卫星天线构件,发挥 Mg-Li 合金超轻的特点。英国镁电子公司已开发了一系列成本低、可回收、可满足应用要求而特殊设计的不连续增强镁基复合材料。在 1994 年英国范堡罗航展上,该公司展出了它生产的 Melram 镁基复合材料。该公司开发的 SiC 颗粒增强 Mg-Zn-Cu-Mn 基 Melram072 镁基复合材料管材用于制造自行车等部件,并致力于开发 Melram072 的国防和汽车方面的应用。

---

① 颗粒 SiC,简写为 SiCp。

2004 年以来,李晓春教授将高能超声波应用于镁基复合材料的制备,成功制备出纳米颗粒增强的镁基复合材料。同时,研究人员试图用碳纳米管和石墨烯等纳米增强体增强镁合金,制备镁基纳米复合材料,取得了良好的增强效果,镁基纳米复合材料成为当前研究热点之一。

近年来,随着镁合金研究和开发力度的加大,国内越来越多的研究机构对镁基复合材料研究的兴趣逐渐增加。哈尔滨工业大学、上海交通大学、西安交通大学、吉林大学、中国兵器工业集团有限公司第五二研究所等都开展了有特色的研究,取得了一定研究成果。尽管如此,国内镁基复合材料研究还处于实验室研究状态,成功应用的实例很少,与国外差距巨大。因此,国内镁基复合材料研究还需要尽快加大力度,缩小与国外的差距。

1.3 镁基复合材料制备技术

目前,镁基复合材料制备主要采用搅拌铸造、挤压铸造和粉末冶金 3 种传统的工艺,这 3 种传统工艺的各自优缺点如表 1-2 所列。近几年来,镁基复合材料出现了一些新的制备技术,也取得了良好的效果,如高能超声波工艺和破碎熔体沉积法(Disintegrated Melt Deposition,DMD)等。

表 1-2　镁基复合材料 3 种传统制备技术对比

制备技术	体积分数	增强体损伤	性　能	成　本	制备规模
搅拌铸造	高达 30%	可忽略	良好	较低	可大规模生产
挤压铸造	高达 45%	严重损坏	优良	较高	形状和尺寸受限
粉末冶金	高达 40%	增强体断裂	优良	高	尺寸受限

1.3.1 搅拌铸造

镁基复合材料典型的搅拌铸造设备如图 1-1 所示。搅拌铸造的一般工艺流程如下:将合金放入坩埚中熔化,待熔体温度达到合适温度后放入搅拌器搅拌,然后一边搅拌一边加入增强体,搅拌合适的时间后浇铸成铸锭或直接进行二次变形。对金属基复合材料搅拌铸造工艺的研究主要集中于铝基和镁基复合材料。增强体种类也很多,常见的有 SiC、SiO_2、Al_2O_3、石墨颗粒等,而且铝基复合材料的研究最为成熟,并已应用于规模生产。例如,Duralcan 铝基复合材料公司于 1990 年夏天在加拿大魁北克省建成了年产 11000t、商标名为 Duralcan 的颗粒增强铝基复合材料工厂,Duralcan 生产的铝基材料可广泛应用于汽车、航空航天等行业。搅拌铸造工艺是众多金属基复合材料制备方法中最简单和灵活的方法,适合于大规模生产,因此成为人们研究的热点。

由于搅拌铸造工艺能够制备高性能低成本的镁基复合材料,20世纪90年代研究人员就对镁基复合材料搅拌铸造工艺开展了研究,并且取得了一定的进展。1990年,在DOW化学公司赞助下,Mikucki等成功制备出SiC颗粒增强镁基复合材料,最大体积分数为20%。Lim和Choh以12%SiC颗粒增强的CP-Mg和Mg-5%Zn镁基复合材料研究了搅拌时间对颗粒分布的影响。Magnesigm Elektron公司运用Wilks和King的工艺方法在370℃以约23:1的挤压比挤压出了质量达180kg的增强体均匀分布和性能良好的镁基复合材料。但是至今未见上述两家公司关于搅拌铸造工艺方面的报道。Laurent等对SiCp/AZ91的半固态搅拌铸造工艺进行了研究。Luo对7μm 10%SiC/AZ91的搅拌工艺进行了研究,并对其拉伸性能、加工硬化和断裂行为及其机制进行了初步研究。R. A. Saravanan等在不加保护气氛的情况下用搅拌铸造制备出了体积分数为30%的40μm SiCp增强纯镁的复合材料。M. C. Gui等利用真空搅拌铸造制备了体积分数为15%的SiC颗粒增强AZ91和ZK51的镁基复合材料。虽然已经开展了镁基复合材料搅拌铸造的工艺研究,但是与铝基复合材料,相比研究还不够系统。

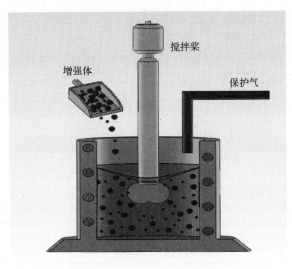

图1-1　镁基复合材料搅拌铸造设备示意图

表1-3列出了搅拌铸造法制备的镁基复合材料的具有代表性的力学性能。与合金相比,复合材料的屈服强度和弹性模量有很大的提高,但是断裂强度有所降低,延伸率下降比较严重。这主要是由于搅拌铸造的复合材料气孔和缩孔所致,需要通过热变形提高复合材料的致密性,进而提高复合材料的塑性和强度。

表1-4为搅拌铸造镁基复合材料经过热挤压后的力学性能。可见,经过热挤压后,镁基复合材料的屈服强度、断裂强度和弹性模量远高于挤压态合金,体现出搅拌铸造镁基复合材料的优越性能,正吸引着航空航天、军事和汽车等领域的广泛关注。

虽然搅拌铸造法是制备金属基复合材料最简单、最经济的方法,整个工艺可以是连续的或半连续的,但是此方法的主要优点和困难是同样突出的。采用搅拌铸造法制备金属基复合材料主要有以下四方面的困难,即成形的黏滞阻力、颗粒分散的均匀性、界面反应和气孔的消除。

(1)成形的黏滞阻力。向液态金属内加入固体颗粒时,其黏度会大大增加,当加入纤维时,黏度增加尤其严重,以致当复合材料中的纤维含量接近1/10时,就不能采用搅拌铸造工艺。而且随着颗粒尺寸减小和体积分数的升高,复合材料浆体的黏度上升,给复合材料的最后浇铸成形带来困难。尽管如此,在流变铸造过程中,正在凝固的金属液浆,即使固体含量高达40%时,仍能保持流动状态。而且复合材料浆体的黏度随着搅拌速率的升高而降低,如图1-2所示。这是由于连续不断的搅拌,破碎了树枝晶结构,形成球状固相颗粒,进而保持了流动性,由此引出了复合铸造的概念。在复合铸造的过程中,只要颗粒在半固态浆体中很好地分散开,其含量可高达25%,黏度增加也不会超过原来的1/2,对于一些较为传统的铸造工艺而言,这样的黏度就足够低了。

表1-3 搅拌铸造镁基复合材料(铸态)的典型力学性能

复合材料	屈服强度/MPa	断裂强度/MPa	弹性模量/GPa	延伸率/%	文献来源
7μm 10% SiC/AZ91	135	152	44.7	0.8	[30]
AZ91(T6)	150	300	43	9.7	[3]
15μm 10% SiC/AZ91(T6)	175	235	54	1.1	[3]
15μm 15% SiC/AZ91(T6)	200	285	57	1.0	[3]
15μm 20% SiC/AZ91(T6)	215	255	65	1.0	[3]
15μm 25% SiC/AZ91(T6)	235	235	82	0.4	[3]

(2)颗粒分散的均匀性。采用搅拌铸造法制备镁基复合材料遇到最大的问题之一就是如何获得均匀分布的增强体。搅拌速度、搅拌温度、搅拌时间、搅拌浆在金属液中的位置以及增强体的体积分数都会影响到增强体的分布。增强体在基体中的分布可以分为3个不同的阶段:①搅拌过程中增强体的分布;②搅拌停止后静置阶段的分布;③凝固过程中增强体的重新分布。这3个阶段对颗粒的分布都有重要影响。

在搅拌阶段,颗粒的分布主要取决于熔体的黏度、增强体与基体合金结合的程度、增强体本身的特性(影响到增强体沉淀的速度)和搅拌的效果(破碎增强体的团聚,减小气体的吸入和分布颗粒等方面的作用)。熔体的黏度越小,增强体在搅拌过程中越容易获得均匀分布,但是同时在静置阶段增强体也越容易沉淀。熔体黏度太大时,搅拌效果太小,增强体不易进入熔体中。一般来说,增强体进入基体合金熔体中有两种阻力:一是熔体表面氧化膜的机械阻力;二是热力学和动力学的阻力。前者只要采用规范的铸造操作即可解决,而后者则需要一个永久的驱动力来克服表面能的阻力,如机械搅拌或电磁搅拌。一旦增强体进入合金熔体内部,在熔体内部表面能将不会改变,能量障碍就被克服了。进入熔体内部增强体的动力学被其他的力(如浮力或重力)或搅拌力所主导。

表 1-4 搅拌铸造镁基复合材料经热挤压后的力学性能

复合材料	屈服强度/MPa	断裂强度/MPa	弹性模量/GPa	延伸率/%	文献来源
AZ91(T6)	204	360	42	9.9	[3]
15μm 10% SiC/AZ91(T6)	275	350	55	2.0	[3]
15μm 15% SiC/AZ91(T6)	285	375	59	2.0	[3]
15μm 20% SiC/AZ91(T6)	330	390	71	1.3	[3]
15μm 25% SiC/AZ91(T6)	310	330	79	0.8	[3]
AZ31B	165	250	45	12.0	[35]
16μm 20% SiC/AZ31B	251	330	79	5.7	[35]
10μm 20% SiC/AZ31B	270	341	79	4.0	[35]

搅拌阶段结束后,就进入复合材料的浆料的静置阶段或直接进入凝固阶段。由于常用的增强体的密度一般大于基体合金的密度,所以在静置阶段增强体有可能发生沉积,尤其是当增强体尺寸较大时沉积现象更加严重。Thomas 研究表明:

① 当颗粒尺寸小于 10μm 时,增强体能够完全悬浮在合金液中,重力作用效果可以忽略不计;

② 当颗粒尺寸为 10~100μm 时,重力作用效果不能忽略不计,并且有增强体的浓度梯度出现;

③ 当颗粒尺寸为 100~1000μm 时,在高速搅拌下增强体可以在合金液体中完全悬浮,但当搅拌速度较低时,颗粒通常沉积在底部。

但是颗粒表面一般都有吸附的气体,当增强体尺寸较小时,增强体也有可能上浮到熔体表面。因此,静置阶段对增强体的分布有不利影响,所以这个阶段时

8

间应该是越短越好。

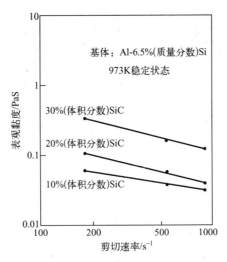

图 1-2　剪切速率对 A356-SiC 复合浆料表观黏度的影响

　　凝固过程对颗粒的微观分布有重要影响。即使当颗粒在搅拌过程中分布均匀,颗粒在凝固过程中也会发生迁移,这也可能导致凝固后的复合材料中颗粒分布不均匀。在凝固过程中,颗粒与基体的凝固前沿界面的相互作用决定了颗粒在铸态复合材料中的微观分布。在凝固期间,每个颗粒要么被生长的液-固界面推向凝固的枝晶间,要么被生长界面吞没而弥散分布于基体中。如果颗粒被推向最后凝固的枝晶间,将导致颗粒分布在最后凝固的晶界附近,致使颗粒在晶界附近发生偏聚,呈现"项链状"的颗粒分布,只有被生长界面吞没才可能得到颗粒的均匀分布。凝固过程中,增强体是被液固界面前沿吞并还是被推移,目前对这方面的研究还没有形成统一的认识,但是有两个常用的判断标准,即热导率标准和热扩散系数标准。研究表明,吞并或推挤与凝固速度有关,凝固速度快时吞并机制起主导作用,凝固速度慢时,推挤机制起主导作用。也有研究表明这与增强体的大小和晶间间距(DAS)有联系,当增强体大小和晶间间距大致相同时吞并机制起主导作用。推移机制导致颗粒在晶界附近偏聚,而吞并则有利于增强体的均匀分布,但是在凝固过程中往往是推移和吞并两者同时起作用。A. Luo 研究发现在 SiC/Mg 复合材料中颗粒在晶界处偏聚较严重,而在 SiC/AZ91 复合材料中在晶界和晶内都有颗粒分布,但是绝大部分颗粒仍是在晶界附近偏聚,说明在凝固阶段推挤机制起主导作用。

　　总之,3 个阶段对增强体的均匀分布都有重要影响,应根据搅拌铸造所制备的镁基复合材料中增强体的分布状况识别出是哪个或哪几个阶段造成的颗粒分布不均匀。因此,为获得颗粒的均匀分布,必须综合考虑这3个不同阶段对颗粒分布的影响,仅仅考虑搅拌阶段是远远不够的。

(3) 界面反应。在搅拌铸造过程中,因为液态金属与增强体的接触时间较长,所以很容易引起过度的界面反应。对于这一点,在 Al-SiC 系统中已有详尽的研究,此时可能会有过多的 Al_4C_3 和 Si 生成,既降低了复合材料最终的性能,又大大提高了浆体的黏度,导致随后的铸造过程困难。与铝合金相比,Mg 没有稳定的碳化物,所以 SiC 在镁液中热力学上是稳定。在纯镁基体的复合材料中,在 SiC 界面上没有发现反应产物。但是,镁合金中的合金元素可以和 SiC 发生化学反应,例如镁合金中的 Al 元素能和 SiC 可发生如下反应:

$$4Al+3SiC \rightarrow Al_4C_3+3Si \qquad (1-1)$$

但是对于搅拌铸造制备的 SiCp/AZ91 复合材料,是否发生了界面反应还存在争议。Y. Cai 等采用 TEM 在界面上没有观察到界面产物,认为没有发生界面反应。但是 A. Luo 研究发现在界面处有 Mg_2Si 存在,并预测了 3 种可能的界面反应产物:①Mg_2Si + MgO+ Al_4C_3;②MgO+ Al_4C_3;③Al-C-O 三相化合物。

(4) 气孔的消除。对于搅拌铸造制备的复合材料,气孔的含量、大小和分布对复合材料的性能有重要的影响。气孔对复合材料的力学性能会起到负面的作用,因此必须严格控制气孔含量。一般认为,搅拌铸造金属基复合材料中气孔主要有以下几个来源:①吸附在增强体表面的气体;②搅拌时吸入的气体;③熔体表面的氧化膜等。因此,必须对增强体进行预处理和优化搅拌铸造工艺,减少气孔的来源,尽量降低气孔含量。

搅拌铸造工艺参数、颗粒尺寸和体积分数对气孔含量有重要影响。Laurent 等研究表明在半固态区间内搅拌比液态区间搅拌所制备的复合材料的空隙率小,而且采用复合铸造工艺比单纯的半固态搅拌工艺更能降低复合材料的空隙率,并且颗粒尺寸较小的复合材料中气孔含量较高。但是,E. M. Klier 等研究表明气孔主要是由于加入的 SiC 颗粒表面吸附的气体所致,并采用镁合金熔液稀释高体积分数的 SiC 颗粒增强镁基复合材料方法制备了气孔含量小的低体积分数的镁基复合材料。可见,SiC 体积分数越高,颗粒尺寸越小,复合材料的空隙率越高。

由于搅拌铸造复合材料中气孔含量较高,必须采用二次加工等办法减少气孔含量。常用于解决气孔问题的方法有:半固态真空搅拌、用惰性气体除气、压力铸造、挤压和轧制等。桂满昌等利用真空搅拌方法较好地克服了 SiC/AZ91 复合材料的气孔问题。

1.3.2 挤压铸造

挤压铸造制备技术的主要流程如图1-3所示。首先,将颗粒或者晶须制备成带有空隙的预制块;然后,将预制块在模具中预热到合适的温度后,浇入精炼和净化的镁合金熔体;最后,通过施加压力,迫使镁合金熔体浸渗入预制块的空隙中,实现增强体与镁合金的复合,在压力下凝固后获得镁基复合材料铸锭。其中,预制块的制备是挤压铸造技术中最关键的技术之一,预制块制备流程如图1-4所示。首先,将颗粒或晶须在溶液中搅拌混合均匀后,倒入底部带有过滤纸的模具中渗水;然后,通过加压使得颗粒或者晶须成为带有预定孔隙率和形状的块体;最后,通过烘干和烧结形成具有一定强度的预制块。

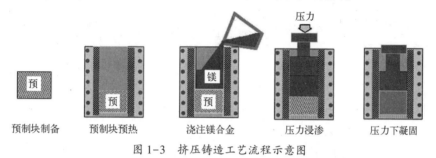

图1-3 挤压铸造工艺流程示意图

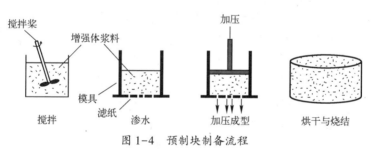

图1-4 预制块制备流程

目前,采用挤压铸造成功制备了氧化铝短纤维增强 AZ91、SiC 晶须增强AZ91 和 AZ31、硼酸铝晶须增强 ZK60、SiC 颗粒增强 AZ91 等镁基复合材料。国内,哈尔滨工业大学对晶须增强镁基复合材料进行了较为深入的研究。吴昆对SiCw/AZ91 复合材料的界面和时效析出行为研究表明,SiCw 与基体合金之间存在明显的界面反应,界面反应产物为具有面心立方结构的 MgO,并且 MgO 与晶须存在严格的位向关系;复合材料峰时效比基体合金提前到达。郑明毅研究了不同预制块胶黏剂对 SiCw/AZ91 复合材料界面和性能的影响,无胶黏剂的SiCw/AZ91 复合材料界面干净,几乎无界面反应产物生成;采用硅胶或酸性磷酸铝胶黏剂的复合材料中界面处存在细小的 MgO 产物,这种细小、弥散的反应产物有利于界面结合,提高了复合材料性能。王春艳采用挤压铸造工艺制备出 20% $Al_{18}B_4O_{33}w$/ZK60 镁基复合材料,对复合材料高温压缩过程中的组织演变和动态再结晶进行了研究,并绘制了复合材料的加工图。

1.3.3　粉末冶金

虽然镁的活性高,混粉容易发生爆炸危险,但是粉末冶金法也适用于镁基复合材料。粉末冶金工艺流程如图 1-5 所示。其中,混粉、热压、挤压 3 个步骤对复合材料的微观组织和性能有很大的影响。目前,采用粉末冶金工艺制备了很多种类的镁基复合材料,例如 SiCp/AZ91、TiO_2/AZ91、ZrO_2/AZ91、SiCp/QE22 和 B_4Cp/AZ80。值得一提的是,国外有几家公司曾采用粉末冶金法制备镁基复合材料。DWA Composite Specialities 公司采用专利的粉末冶金工艺制备了 B_4Cp 增强 AZ61、AZ80、AZ80 及 ZK60 镁基复合材料。Advanced Composite Materials 公司制备了 B_4Cp 颗粒增强 ZK60A 及 SiC 颗粒增强 ZK60A 镁基复合材料,并制备出镁基复合材料的薄板。

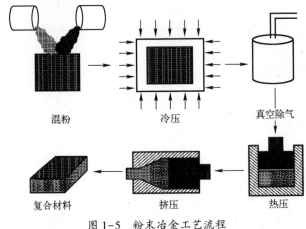

混粉　　　　　　冷压　　　　　　真空除气

复合材料　　　　挤压　　　　　　热压

图 1-5　粉末冶金工艺流程

1.3.4　其他制备技术

除上述 3 种传统的制备技术外,制备镁基复合材料工艺还有喷射沉积法、熔融旋压法、扩散焊接法和无压浸渗法。另外,最近研究较多的新型制备工艺主要有超声波分散法和 DMD 技术。

1. 超声波分散法

利用超声波处理金属熔体时产生的空化效应和声流效应,可改善金属复合材料中增强体颗粒与基体间的润湿性,使增强体颗粒达到宏观和微观上的均匀分散,因此超声波分散法能够应用于金属基复合材料的制备。李晓春教授成功将超声波应用于纳米 SiC 颗粒增强镁基复合材料的制备。

超声波作用于金属熔体时将导致空化效应产生。由于空化效应将导致瞬时的高温,金属基复合材料熔体的黏度将降低,这使得一部分空化泡随超声波的正负压的交变振动,在熔体中不断运动长大,可能上浮到金属复合材料熔体表面消失,同时可改善基体与颗粒的浸润性,并减少复合材料制品的气孔率。金属熔体中超声波空化效应和声流效应分散纳米颗粒示意图如图 1-6 所示,纳米颗粒由于易于发生团聚,团聚中将存在较多的气体,这些气体的存在有利于空化泡的形成,空化泡破裂时的空化效应可打散纳米颗粒团聚;声流效应则使纳米颗粒在金属熔体中进一步均匀分散。

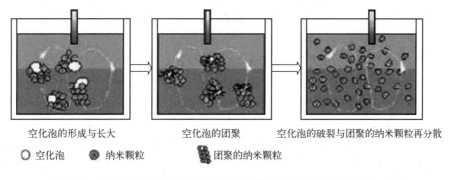

图 1-6　金属熔体中超声波空化效应和声流效应分散纳米颗粒示意图

图 1-7 所示为超声波分散法制备镁基复合材料示意图,通过变幅杆直接将超声波导入金属熔体的方式有利于空化效应的发挥,改善增强体颗粒与基体之间的润湿性,有助于增强体在基体中分散,并且不需要对增强体施加预处理。在制备微米级颗粒增强金属基复合材料方面,王俊等对超声波复合法所制备的 SiCp/ZA22 复合材料研究表明 SiCp/ZA22 复合材料中增强体颗粒分布较为均匀,复合材料内部不存在气孔等缺陷,并认为增强体颗粒和基体之间的润湿性的改善以及增强体颗粒的均匀分散的主要是由于超声波空化效应和声流效应的共同作用所导致。

近年来,超声波分散法则主要应用于制备纳米颗粒增强的金属基纳米复合材料。Lan 等利用 20kHz、600W 的超声波发生器,采用超声波分散法制备了 SiC 纳米颗粒增强的镁基(AZ91)复合材料。结果表明:在超声波的作用下,虽然纳米复合材料中还存在局部的纳米颗粒团聚(尺寸小于 300nm),但是整体上 SiC 纳米颗粒在镁基体中分布比较均匀,而未经超声波处理的纳米复合材料则出现了明显的纳米颗粒团聚,并且团聚主要集中在纳米复合材料基体晶粒的晶界。

Yang 等采用超声波分散法制备了 SiC 纳米颗粒增强的铝基纳米复合材料。结果表明,SiC 纳米颗粒被较均匀地分散到铝基体中,当 SiC 纳米颗粒质量分数为 2.0%时,所制备纳米复合材料的屈服强度较基体合金提高 50%。国内清华大学李文珍和哈尔滨工业大学聂凯波等通过大功率高温超声波分散仪制备了 SiC 纳米颗粒增强镁基复合材料。

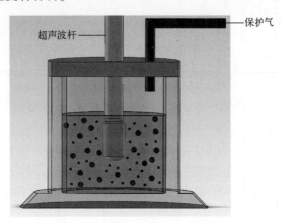

图 1-7 超声波分散法制备工艺示意图

2. DMD 工艺

DMD 工艺是由新加坡国立大学 M. Gupta 等研究发明的,图 1-8 为 DMD 工

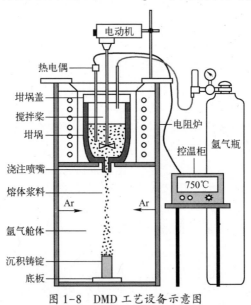

图 1-8 DMD 工艺设备示意图

艺设备示意图。首先,将镁屑和增强体放在石墨坩埚中熔化后,通过机械搅拌使得增强体在镁液中均匀分散;然后,打开坩埚底部的喷嘴,让复合材料浆料流出,通过两股氩气破碎复合材料浆料;最后,破碎复合材料浆料在底板上沉积获得复合材料铸锭。一般需要通过二次热变形来进一步提高复合材料中增强体的分散和提高力学性能。采用 DMD 工艺制备的镁基复合材料有 Cu 颗粒增强 AZ91、Al_2O_3 增强 AZ31 等镁基复合材料。

1.4　镁基复合材料的高温变形

目前,对镁基复合材料的高温变形方面的研究较少,采用的变形方式有高温压缩、热挤压、高温蠕变和超塑性等。但是大部分研究集中在晶须和短纤维增强的镁基复合材料中,对搅拌铸造工艺制备的颗粒增强镁基复合材料的高温变形研究极少。

对金属基复合材料压缩变形研究主要集中在铝基复合材料上,对镁基复合材料的压缩变形的研究多集中在采用挤压铸造工艺制备的晶须增强的镁基复合材料的报道。李淑波等研究了 SiCw/AZ91 复合材料的压缩变形行为,并与基体合金的压缩变形行为进行了对比,研究结果表明:两种材料的峰值应力均随温度的升高和应变速率的降低而减小。在同一变形条件下,复合材料的峰值应力高于合金,但随着变形温度的升高,两种材料的峰值应力差减小。为了协调基体合金的塑性变形,在压缩变形过程中,晶须会发生转动和折断。SiCw 的加入并没有从本质上改变基体合金的变形机制,SiCw 促进了再结晶晶粒的形核,晶须附近的基体成为再结晶的优先形核区,另外,SiCw 也抑制了再结晶晶粒的长大。此外,SiCw 的加入抑制了基体中孪晶的形成,只有当应变量达到一定程度时,才能产生孪生变形。王春艳对 ZK60 合金和 $Al_{18}B_4O_{33}$/ZK60 复合材料进行了高温压缩研究,并绘制了这种晶须增强镁基复合材料的加工图。陈礼清等对 TiC/AZ91 复合材料的高温压缩变形进行了初步的研究。

1.4.1　热挤压变形

随着非连续增强金属基复合材料研究和应用的逐渐深入,复合材料的二次加工越来越引起人们的关注,在诸多的二次加工方法中,挤压是常用的手段之一。常用的挤压方式有正挤压、反挤压和侧向挤压。挤压的工艺参数主要包括挤压比、挤压温度和挤压速率。目前对铝基复合材料的挤压变形研究较多,但是对镁基复合材料的挤压研究极少,对颗粒增强镁基复合材料的挤压变形研究更少。热变形一般都会导致基体发生变化回复和再结晶,除此之外,挤压可以使金属基复合材料发生如下变化：

（1）改善增强体在基体中的分布，提高复合材料的致密性，增强体沿着平行于挤压方向发生定向排布。张文龙对 SiCw/L3 铝基复合材料挤压研究表明，挤压比越大晶须沿挤压方向的定向排列程度越大，挤压温度对 SiCw 沿挤压方向的定向排列程度影响较小。但是，李建辉对 SiCw/6061A1 复合材料正挤压研究表明：提高挤压温度，材料的流动应力降低，从而导致晶须定向排列趋势增强，当挤压温度接近甚至稍高于 Al 合金的熔点时，材料中将存在少量液态 Al，这更有利于材料的流动，而随着挤压比的增大，定向排列趋势减弱。李建辉研究还表明在挤压件不同部位晶须取向与正挤压过程中材料塑性变形流动方向是完全一致的，说明晶须的定向排列是由于正挤压过程中材料塑性流动所致。谢文对 SiCp 增强的镁基复合材料在 350~450℃ 温度范围内的挤压研究表明温度越高，SiCp 分布越均匀，致密度越高。

值得一提的是颗粒在平行于挤压发向上形成了颗粒富集区，目前还很难确定这一现象是否自产生于均匀材料当中，还是源于原始材料中已有的一些不均匀性。Ehrstrom 认为在挤压过程中颗粒在基体中的流动是不均匀的，颗粒相对于基体的运动是由于在挤压过程中基体内不同区域的应力大小不同造成的，从而在基体合金内形成了应力梯度，而颗粒趋向于向应力低的区域移动，从而导致颗粒的偏聚。M. K. Surappa 研究发现颗粒在热挤压时的流动方式与挤压模具的形状有关。

（2）增强体在挤压过程中的断裂。挤压温度升高，材料的流变应力降低，塑性变形过程中材料的流动阻力相应下降，材料易于流动，折断概率下降。当挤压温度接近甚至稍高于合金的熔点时，材料中将存在少量液态 Al，这更有利于材料的流动。挤压比增大，晶须折断速率升高，这是由于挤压比越大晶须所受的应力也越大。而且在挤压过程中，颗粒断裂跟颗粒的长径比、尺寸和体积分数有关。颗粒尺寸越大、体积分数越高，颗粒越容易断裂。

（3）提高复合材料的力学性能。对晶须增强复合材料，挤压后的复合材料的强度主要由两个因素决定，即晶须的定向排布和折断，所以晶须复合材料的强度并不随挤压比增加而单调增加。严峰研究表明，SiCw/MB15 镁基复合材料热挤压后，复合材料的力学性能有很大的提高，晶须产生明显的定向排布。尽管晶须在挤压过程中发生折断，但仍保持了一定的长径比。热挤压消除了基体合金填充不良等铸造缺陷，改善了界面的机械结合强度，使 SiCw/MB15 复合材料的弹性模量略有提高。胡连喜研究 SiCw/ZK51 镁基复合材料等温挤压发现，经过挤压后晶须与基体界面结合力增强，有利于载荷传递，从而使晶须的承载作用得到充分发挥，使挤压后复合材料的弹性模量与铸态相比有较大的提高。但是，对颗粒增强的复合材料研究发现力学性能的提高主要是由于复合材料断裂方式发生了改变。

1.4.2 高温蠕变

镁合金的一个缺点是高温性能差,特别是高温蠕变性能比较差,不能在高温环境中长期工作,从而限制了镁合金的应用。通常设计抗高温蠕变合金的原则是形成多相材料,即晶内含有弥散分布的连续析出相,以阻止位错的运动,同时晶界分布着热稳定性高的颗粒以阻碍高温下晶界的运动。在镁合金中加入增强体也能起到类似的作用,因此镁基复合材料也具有较好的高温性能和抗蠕变性能。

1.4.3 高温压缩

陈晓研究原位生成的 $Mg_2Si/ZM5$ 复合材料发现, Mg_2Si 增强相显著提高了复合材料的高温蠕变性能。Mg_2Si 分布于晶界或晶内,并抑制了非连续析出相的产生,对高温性能的提高起着重要作用,可明显减少裂纹源的数量,晶界上只出现少量孤立的裂纹小孔洞,未见有大的裂纹孔洞。

Svoboda 研究了 20% Al_2O_3 短纤维增强 AZ91 复合材料及 AZ91 镁合金在 150℃和 200℃的蠕变行为发现:与合金相比,复合材料的抗蠕变能力有较大的提高;复合材料的高蠕变能力是由有效载荷在基体和增强相之间传递所控制的;复合材料的蠕变抗力明显高于基体合金。这可能是由于:①存在依赖于温度的门槛应力;②在蠕变暴露过程中有良好的纤维/基体界面结合。Y. Li 和 T. G. Langdon 也研究了 20% Al_2O_3 短纤维增强 AZ91 复合材料在 200~400 ℃温度区间内的蠕变行为发现:当应力较低时,应力因子等于 3,变形的真激活能接近 Al 元素在镁中的扩散激活能;但是当应力较高时,应力因子大于 3,这与位错从固溶原子脱离开来有关;门槛应力的起源与位错和基体中的第二相 $Mg_{17}Al_{12}$ 相互作用有关。

于化顺等研究了含有 $MgO+Mg_2Si$ 颗粒的 Mg-Li 复合材料的室温和高温蠕变行为,发现复合材料的抗蠕变性能较合金相比有较大的提高,且随着颗粒含量的增多,复合材料的蠕变性能提高。研究认为这与 $MgO+Mg_2Si$ 颗粒的增强作用密切相关,增强相的加入,提高了材料的屈服强度及弹性模量,同时颗粒的存在阻碍了位错的移动和晶界的相对滑动,降低了原子及空位的扩散速度,这些因素的共同作用导致复合材料的蠕变性能提高。

1.4.4 超塑性变形

近年来,对金属基复合材料超塑性的研究取得了一定的成绩,其中最引人注目的是高应变速率超塑性的发现。继在铝基复合材料中发现高应变速率超塑性之后,Nieh 等在镁基复合材料中也发现了高应变速率超塑性,应力应变敏感因子为 0.5,变形激活能为 78.7kJ/mol,接近镁合金的晶界扩散激活能,根据计算结果推测超塑性变形机制是晶界扩散控制的晶界滑移机制。M. Mabuchi 等也在 Mg-Mg$_2$Si 镁基复合材料中发现了高应变速率超塑性,并认为和铝基复合材料相比,镁基复合材料具有更好的高应变速率超塑性的潜力,并认为这种高应变速率超塑性可能是因为应力集中可以通过扩散控制的位错运动得到充分的释放,并且还认为这种超塑性机制也可能是由晶界扩散控制的。

Mukai 等对 17% SiCp/ZK60 挤压态镁基复合材料进行了二次挤压,发现超塑性延伸率比经过一次挤压的材料提高一倍,孔洞生长率显著降低,通过对二次挤压前后显微组织的变化进行分析认为,界面是孔洞易于形核的位置,二次挤压使增强相分布更加均匀,可降低拉伸过程中界面上的应力集中,减少孔洞在界面形核的能力。Watanabe 等研究了含有颗粒增强相的 WE43 镁基复合材料的超塑性,其中的 Mg$_{11}$NdY$_2$ 颗粒呈弥散分布,并认为增强相周围的应力与流变应力相比很小,因此,在晶界处分布的增强相颗粒不会造成应力集中,相反它们还会起到稳定晶粒结构和防止晶粒长大的作用。

严峰对挤压态 SiCw/MB15 镁基复合材料进行高温拉伸试验时发现:在温度为 613K,初始应变速率为 $1.67×10^{-1}s^{-1}$ 时,拉伸断裂延伸率达到 200%,m 值为 0.35,超塑性变形激活能为 98kJ/mol,与镁晶界扩散激活能十分接近,并认为晶界的滑动与转动是 SiCw/MB15 复合材料超塑性变形的主要机制,同时伴有扩散蠕变和晶须与基体之间界面的滑动。

1.5 镁合金动态再结晶机制

高温变形时,镁合金非常容易发生动态再结晶(DRX),甚至在室温变形时镁合金中也能发生 DRX。这主要有 3 个原因:镁合金是 HCP 结构,可以开动的滑移系较少,导致应力集中严重,从而容易到达再结晶的所需的临界变形量;镁及镁合金的层错能较低,纯镁的层错能为 78mJ/m^2,Al 的层错能为 200mJ/m^2,这就导致镁合金中的位错不容易发生交滑移,所以不能像铝合金一样容易发生动态回复;镁合金的晶界扩散速率较高,在亚晶界上堆积的位错能够被这些晶界吸收,从而加速了动态再结晶的进程。

目前,人们已建立了 4 种镁合金动态再结晶模型,如图 1-9~图 1-12 所示。这几种机制分别为孪晶动态再结晶机制(twin DRX mechanism,TDRX)、连续动态再结晶机制(continuous DRX,CDRX)、"凸出"动态再结机制("bulging"mechanism of DRX)或称为不连续动态再结晶机制(discontinuous DRX,DDRX)和低温动态再结晶机制(low temperature DRX,LTDRX)。有不少关于这几种动态再结晶机制的文献综述,这里不再一一描述。这些动态再结晶机制与应变量和温度有关。在低温区内,应变较小时采取 TDRX 机制,应变较大时采用 LTDRX 机制;在中温区内,小应变时 TDRX 机制和 CDRX 机制同时发生,但是在较高应变时只发生 CDRX 机制;在高温区域,主要采用 CDRX 机制和 DDRX 机制进行,但是在高温区的 DRX 机制目前还也存在较大的争议。R. Kaibyshev 等研究发现镁及镁合金的 DRX 和变形机制之间有很密切的关系,变形机制和动态再结晶机制在相近或相同的温度—应变区域内变化,如图 1-13 所示。这是因为具体的塑性变形机制可导致具体的 DRX 机制。因此,镁及镁合金的再结晶行为特征,即再结晶晶粒尺寸对应变的依赖和再结晶体积分数对温度的依赖,是由于温度和应变影响变形机制进而影响再结晶机制造成的。

值得一提的是,在研究镁合金高温变形时发现了另外一种 DRX 现象,如图 1-14 所示。DRX 晶粒在原始晶界的周围形成,形成一种"项链状"(necklace)DRX 结构。新的小晶粒趋向于环绕在粗大的原始晶界周围,并具有与原始晶粒不同的晶粒取向分布。随着变形程度的增大,动态再结晶晶粒越来越多,最终使得晶粒得到细化。这种再结晶现象称为旋转动态再结晶机制(rotation DRX,RDRX)。在 CDRX 的初期也能观察到这种现象,说明 RDRX 可能与 CDRX 有关。

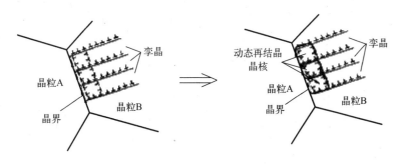

图 1-9　TDRX 动态再结晶机制模型

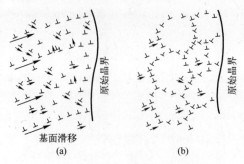

图 1-10　CDRX 动态再结晶机制模型

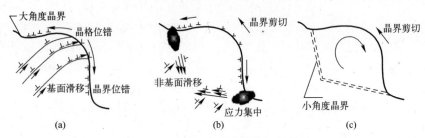

图 1-11　DDRX 动态再结晶机制模型

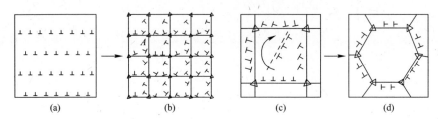

图 1-12　LDRX 动态再结晶机制示意图

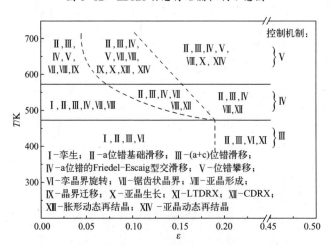

图 1-13　ZK60 镁合金的变形机制和 DRX 机制图

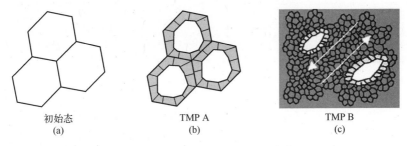

初始态	TMP A	TMP B
(a)	(b)	(c)

图 1-14 RDRX 再结晶的组织演变

1.6 镁合金的织构分析

HCP 结构决定了镁合金在变形或热处理过程中易形成织构,而且织构组分复杂。近年来,对镁合金的织构研究引起了广泛的关注,镁中一些重要织构组分的理想极图(Pole Figure)如图 1-15 所示。镁合金中常见的织构可以分为纤维织构、轧制织构和再结晶织构。

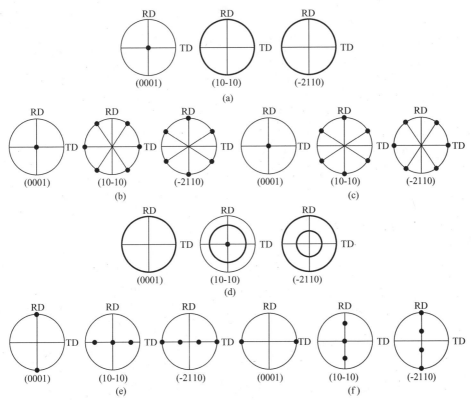

21

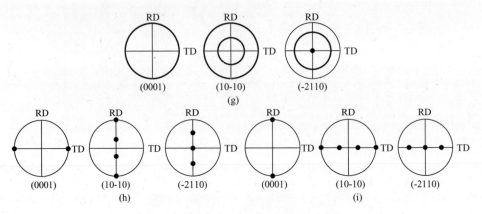

图 1-15　镁的重要织构组分的理想极图

(a) {0001} basal;(b) {0001}<11$\bar{2}$0>;(c) {0001}<10$\bar{1}$0>;(d) {10$\bar{1}$0} fiber;(e) {10$\bar{1}$0}<0001>;

(f) {10$\bar{1}$0}<11$\bar{2}$0>;(g) {11$\bar{2}$0} fiber;(h) {11$\bar{2}$0}<0001>;(i) {11$\bar{2}$0}<10$\bar{1}$0>。

1.6.1　纤维织构

镁合金在挤压、拉拔和单向压缩等塑性变形过程中将形成纤维织构。镁合金纤维织构呈现基面取向的特征,即挤压时{0001}基面和<10$\bar{1}$0>晶向平行于挤压方向,单向压缩时基面垂直于压缩方向。

1.6.2　轧制织构

在轧制过程中,镁合金将形成{0001}<10$\bar{1}$0>基面织构,典型的极图如图 1-16 所示。这种织构组分是由于塑性变形过程中基面{0001}<11$\bar{2}$0>滑移和锥面{10$\bar{1}$2}拉伸孪晶所致。

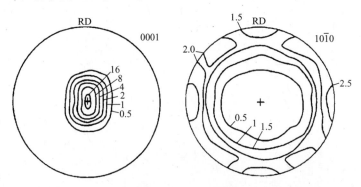

图 1-16　典型的镁合金轧制织构极图

1.6.3 再结晶织构

镁合金在高温变形时容易发生动态再结晶,或在对变形后的镁合金进行退火处理时也很容易发生静态再结晶和晶粒长大。再结晶织构是在形变织构基础上形成的,但形变织构在再结晶后出现两种情况:一是保持原有的形变织构,再结晶织构和原形变织构相同;二是原有形变织构消失,而代之以新的再结晶织构。再结晶织构的形成和再结晶过程的形核和长大有关,目前提出了以下两种机制:一是定向形核机制,认为再结晶的核心具有与形变基本相同的位向,这些定向晶核靠消耗变形基体而生长,所形成再结晶晶粒必然具有与形变基体相同的织构;二是定向长大机制,认为再结晶晶核具有多种位向,但是晶核的长大速度取决于基体与晶核的位向差,具有某些特殊位向差的晶核可通过消耗变形基体而迅速长大,并抑制其他位向晶核的长大,从而形成与形变织构不同的再结晶织构。由于这两种机制都有其局限性,于是就发展了第三种机制——定向形核和长大的联合机制。这种机制认为在出现再结晶核心的局部体积中,再结晶核心的位向总是重复变形基体的位向,在具有织构的基体中出现定向形核。由于变形织构多由几种织构成分所组成,因而核心与变形基体有不同的位向差,各种晶核的长大速度可能不同,因而可能形成与形变织构相同的再结晶织构,也可能形成与之不同的新的再结晶织构。这些理论主要在体心立方和面心立方金属中发现,但是在密排六方金属中研究的比较少。

M. T. Perez-Prado 和 O. A. Ruano 研究退火工艺对挤压态 AZ31 和 AZ61 板材表层和中间层的再结晶织构的影响。对 AZ31 退火发现:在 520℃退火 3h 后,中间层形成强烈的$\{11\bar{2}0\}$织构,同时还保留了挤压时的$\{0002\}$织构和$\{10\bar{1}0\}$织构,而在近表层区域,$\{11\bar{2}0\}$织构占主导,$\{0002\}$和$\{10\bar{1}0\}$织构逐渐减弱;在 520℃退火 19h 后,表层和中间层都发生了二次再结晶,$\{11\bar{2}0\}[\bar{1}100]$成为单一的织构成分。对 AZ61 退火发现:适度退火后晶粒发生正常的晶粒长大,形成很强的基面织构;但是经过长时间的严重退火后,具有$\{11\bar{2}0\}$柱面平行于板材且$<10\bar{1}0>$平行于挤压方向的晶粒发生了异常长大而导致$\{11\bar{2}0\}<10\bar{1}0>$织构强度加强成为主要织构组分。

1.7 增强体对基体组织的影响

由于增强体和基体合金的刚度和可变形性不同,在复合材料变形过程中基体和增强体的变形是不协调的。这种变形不协调势必会影响变形后基体的显微组织,对于铝基复合材料在这方面开展了广泛的研究,但是在镁基复合材料中研究较少。

1.7.1 增强体对变形组织的影响

第二相颗粒通过两种方式影响金属的变形行为:一是在低温时位错与颗粒相互作用,改变了屈服强度和加工硬化率,这种相互作用的性质主要取决于颗粒的强度、尺寸大小和颗粒的形状,而不受到颗粒间距的影响;二是颗粒可以阻碍大角晶界和小角晶界的运动,进而影响动态回复过程,当颗粒间隙小时,这种作用更明显。颗粒对力学行为、显微组织和织构的影响存在一个临界温度,这个临界温度取决于颗粒尺寸和应变速度,转变的机制如图 1-17 所示。位错通过滑移到达颗粒附近,位错到达颗粒的速度 R_1 取决于应变速率。到达颗粒附近的位错可能围绕颗粒进行攀移,因此在颗粒周围的应力集中将被以 R_2 的速度消除。R_2 取决于颗粒尺寸和变形温度。如果 $R_2 > R_1$ 时,将不会有应力在颗粒周围集中。尽管复合材料的屈服强度高于单一合金,但是他们在随后的变形行为上没有太大的差别。但当 $R_2 < R_1$ 时,周围将会聚集几何必要位错,就会导致复杂的位错结构和高的加工硬化率。当应变速率高于这种转变时,在颗粒附近产生的位错结构将会在随后的退火时促进再结晶形核。反之,应变速率在这个转变之下时,颗粒不会促进再结晶。

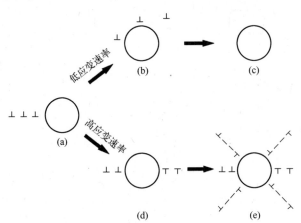

图 1-17 位错和颗粒之间的相互作用
(a) 初始状态;(b)、(c) 低应变速率;(d)、(e) 高应变速率。

当颗粒直径大于 1μm 时,位错在颗粒附近发生塞积,那么在不可变形的颗粒周围将产生一个颗粒变形区域(Particle Deformation Zone,PDZ)。在 PDZ 中有很高的位错密度和较大的取向梯度差,这是理想再结晶形核区域,这就是颗粒诱发再结晶(PSN)。这个 PDZ 可以延伸到距颗粒表面约一个颗粒直径区域。PDZ 一般由直径很小的亚晶构成,并且亚晶界间的位向差相对较大。颗粒和晶须典型的 PDZ 的形状和大小如图 1-18 所示。Liu 等在冷轧后的 Al-Al$_2$O$_3$ 和 Al-Al$_2$O$_3$-SiCw 中观察到了上述现象。上述的实验结果主要是在铝基复合材料中获得,在镁基复合材料中的相关研究较少。

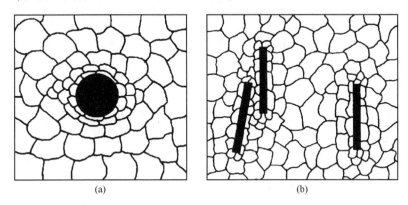

图 1-18　颗粒和晶须附近 PDZ 内的亚晶分布
(a) SiC 颗粒;(b) 聚焦和单根的 SiC 晶须。

1.7.2　颗粒对再结晶的影响

颗粒对再结晶有两种不同的影响:一是颗粒尺寸较小,颗粒会钉扎大角晶界,阻碍再结晶;二是颗粒尺寸较大(大于 1μm)时,颗粒附近会形成 PDZ,颗粒能够促进再结晶形核和长大。W. M. Zhong 等对搅拌铸造的 SiCp/5083 和 Al$_2$O$_3$/5083 铝基复合材料和 5083 铝合金在 480℃进行了热挤压,发现与铝合金相比,复合材料已经完全再结晶,形成细小的 DRX 晶粒,颗粒提高了动态再结晶的速度,降低了 DRX 温度。如果复合材料中存在大小两种颗粒时,大颗粒可以作为形核位置,但是整体再结晶的动力学过程取决于小颗粒。Liu 等发现增强相的加入显著降低了形核的温度,增强体组不同于单个增强体,可以产生局部更大的位错密度和取向差,是重要的形核位置。

M. Ferry 研究了退火温度对复合材料再结晶的影响。当应变为 50% 时,在 260~500℃之间退火,发现退火温度越高再结晶晶粒越细小,但当温度高于400℃时,温度对晶粒大小作用较小。复合材料和合金的形核率和长大速度随着温度的降低而下降,但对形核率而言,合金的下降速度比复合材料下降得快,并且在所有的温度下复合材料的形核率都大于合金。但是两者的长大速度类似,所以复合材料退火后所得的较合金细小的再结晶晶粒很可能是由于颗粒的加入提高了再结晶速度所致。

F. J. Humphreys 利用 TEM 原位退火研究了单晶铝合金中 Si 颗粒对再结晶的影响,发现再结晶形核的位置在颗粒和基体界面附近或 PDZ 中其他的位置,颗粒本身对实际的再结晶过程不一定起到重要作用,而是与颗粒相连的 PDZ 起主导作用。F. J. Humphreys 观察到的再结晶过程为:再结晶首先在颗粒变形区域内的亚晶上形成再结晶晶核,然后此晶核在 PDZ 内长大,一直长大直至消耗整个 PDZ,而且即使进一步升温,也很难使其再长大。

1.7.3 颗粒对基体织构的影响

在复合材料变形过程时,PDZ 和 PSN 的发生势必会影响基体的织构。颗粒的尺寸、体积分数和形状都对织构有重要影响。D. Juul Jensen 等研究发现存在一个临界颗粒尺寸:当颗粒尺寸较小时(小于 $0.1\mu m$),基体变形更加均匀,从而导致织构强度加强;相反,当颗粒较大时基体变形不均匀时,PDZ 形成导致织构强度减弱。颗粒的体积分数对织构的影响有两种不同情况:当颗粒体积分数低时,复合材料的织构强度比未增强的合金更强,但是 A. W. Bowen 等发现复合材料的织构强度还是会比单一合金织构弱;当颗粒体积分数高时,复合材料的织构比基体的织构弱。颗粒形状对复合材料的织构有重要影响。R. A. Shahani 和 T. W. Clyne 研究发现球形颗粒增强的复合材料的织构强度比短纤维的高。虽然颗粒可以改变织构的强度,但是一般不会改变基体合金的主要织构组分。尽管如此,颗粒还是可能引入一些新的织构组分。A. Poudens 等在挤压后的 SiC/Al 复合材料中发现了一种新的织构。

上述结论主要是在铝基复合材料中发现的,而对镁基复合材料相关研究则非常有限。G. Garces 等和 E. M. Jansen 等都发现颗粒的体积分数增加使得 SiCp/Mg 复合材料的织构减弱。李淑波对 SiCw/AZ91 复合材料高温压缩后的织构研究发现,SiCw 的加入导致复合材料织构比镁合金弱,并且随着变形温度增加,基体的织构强度减弱。

1.8　镁基复合材料的腐蚀行为及防腐技术

金属基复合材料的腐蚀行为主要与其组成的微观结构、化学成分、化学和电化学性质以及制造工艺有关。大多数腐蚀行为是由增强体和金属基体的电偶腐蚀控制,也与加工过程中的剩余杂质、增强体与金属基体之间的界面反应物有关。复合材料耐腐蚀性很差,大多数用有机和无机膜来防止腐蚀。有许多因素影响复合材料的耐蚀性,包括空隙、杂质相的析出、颗粒/基体、增强相/基体界面处的位错密度、界面反应物、增强相的种类、大小及含量、基体成分等。然而，当考虑防止金属基复合材料腐蚀时，主要通过表面处理阻止腐蚀坑的产生，或者修改镁基体合金的微观结构。镁基复合材料的耐腐蚀性能很差，所以以提高镁基材料耐腐蚀性能为目的的表面防护处理研究就显得尤为重要。目前，对镁基复合材料腐蚀行为和防腐技术研究相对较少。镁基复合材料的易腐蚀问题严重影响它在航天航空及 3C 产品上的应用，为了更好地理解其腐蚀行为和防腐技术，对它的腐蚀行为和防腐技术概述如下。

1.8.1　镁基复合材料的腐蚀行为

1. SiCp/Mg 基复合材料的腐蚀研究

C. A. Nunez-lopez 利用盐浴法和电化学法研究了 SiC 颗粒体积分数为 12% 的 SiCp/ZC71 复合材料在盐水中的腐蚀行为，指出腐蚀速度与腐蚀产物沉淀层的整体性有关。腐蚀的最初阶段是局部腐蚀，随后发展成为全面腐蚀。电化学研究揭示出在 MMC 和 ZC71 合金的表面上有 $Mg(OH)_2$ 保护膜，这层膜对 MMC 有很差的保护性，故在 MMC 上的盐浴实验开始时 ZC71 合金的点蚀有很高的密度，促进全局腐蚀的产生，而局部腐蚀的速度是 ZC71 合金的 3 倍，他同时指出，由基体和增强体组成的电偶对而引起的电偶腐蚀，以及基体/增强体界面处生成的界面相都不是影响复合材料腐蚀的主要因素。

F. Zucchi 研究了 20% SiCp/AZ80A 和 20% SiCp/ZK60A 在 0.1N 和 1N 的 Na_2SO_4 和 NaCl 溶液中的腐蚀行为。他利用失重法测两种复合材料的腐蚀速度 (V_{corr})，通过电化学方法(线性极化电阻、动电位极化曲线以及电化学阻抗法)测量腐蚀速度的变化。在 Na_2SO_4 溶液中，SiCp/AZ80A 的腐蚀速度稍高于 SiCp/ZK60A；而将硫酸根的浓度从 0.1N 提高到 1N，两种复合材料的腐蚀速度 V_{corr} 都提高了 10 倍左右，且在 NaCl 溶液中，V_{corr} 提高得更多。在 Na_2SO_4 溶液中，极化电阻 R_p 在 24h 浸泡中有所增加，是因为生成了保护性的腐蚀产物；而在 NaCl 溶液中，R_p 不变化或者减小。作者利用电化学阻抗谱分析的结果，更加肯定了在两种复合材料的表面都很难生成均匀的 $Mg(OH)_2$ 保护层，这也是其腐蚀速度高的原因。

L. H. Hihara 和 P. K. Kondepudi 用电动极化技术和混合电位理论研究了 SiC_{MF}[①]与纯 Mg 和 SiC 与合金 ZE41(4.2Zn,0.7Zr,1.2RE)电偶腐蚀。在 3.15% NaCl,0.5 M Na_2SO_4 和 0.5 M $NaNO_3$ 溶液中，Mg 的腐蚀穿透速度是 1cm/年，电偶腐蚀穿透速度从 0.046cm/年到 7.3cm/年，取决于溶液含氧量和 SiC 裸露的区

---

① SiC 纤维，简写为 SiC_{MF}。

域,这是因为 Mg 与 SiC 之间的电偶腐蚀由阴极控制。在除氧溶液中,当 SiC 截面裸露时,局部腐蚀和电偶腐蚀的穿透速度是相近的,然而当 SiC 表面裸露时,对于局部腐蚀而言,电偶腐蚀很小。在含氧溶液中,无论是 SiC 截面和纤维表面是否裸露,腐蚀危害主要由电偶腐蚀控制而不是局部腐蚀。当考虑到耐蚀性时,在除氧的 0.5 M Na_2SO_4 和 $NaNO_3$ 溶液中,NaF 能有效地减少电偶腐蚀速度。在含氧的 Na_2SO_4 和 $NaNO_3$ 溶液中有点效果,在 3.5%NaCl 溶液中没有效果。

2. Gr/Mg 基复合材料的腐蚀研究

I. W. Hall 研究认为,Gr/Mg 复合材料对电偶腐蚀是敏感的,腐蚀穿透速度一般是 $100\mu m$/年。在纤维/基体界面的所有暴露区域都发生了均匀腐蚀,在一些特别区域还产生了气泡。他还指出,在 500℃ 热处理后,Gr/Mg 界面上形成界面破坏,但没有找到充分证据表明这种破坏主要归因于 Al_4C_3 加水分解作用。

C/Mg 和 C/Al MMCS 的主要腐蚀类型是电偶腐蚀,因为碳纤维与金属基体之间存在很大的电位差。腐蚀一般发生在纤维与基体界面的暴露处,同时在特定的地方形成气泡,偶尔在挤压铸造中形成碳化铝,长时间的热处理极大地增加了碳化物的存在数量,但碳化物对镁腐蚀行为没有巨大的影响。

Trzaskoma 研究了依靠使用不同长度的 AZ31B(Mg-3Al-1Zn-0.2Mn) 与 P-55 碳纤维形成电偶对,它们面积比变化对电偶腐蚀电流的影响,在含氧的 pH 值为 8.4 的硼酸溶液(含有 1000×10^{-6}NaCl)中,当成电偶对的碳纤维与镁面积比例从 0.25 增加到 0.44 时,电偶腐蚀电流密度大约由 0.3×10^{-3}A/cm^2 增加到 0.6×10^{-3}A/cm^2。他还指出,在 0.001 N NaCl 溶液中浸泡 5 天后的 26.5% Gr/Mg 基复合材料受到严重的腐蚀,这种复合材料是由扩散结合技术制成的。

3. B/Mg 基复合材料的腐蚀研究

Timonovaetal 研究 BF(硼丝)/MA2-1(Mg-3.5Al-0.5Zn-0.35Mn)基复合材料(扩散熔接技术制造),发现在 0.005 N 氯化钠溶液中,加钨的 BF 和 MA2-1 合金之间的电偶腐蚀电流大约比 Gr 和 Mg 之间的低 1000 倍,电偶腐蚀密度可从 MA2-1 合金和 BF 极化曲线上确定出来。而且,当硼丝中钨线裸露时,MA2-1 和 BF 电偶腐蚀电流比在硼丝中钨线不裸露时大得多,这种行为发生显示出纯钨是一个有效的阴极。然而,纯硼是绝缘体,在镁和纯硼之间没有电流可测。实际上 BF/MA2-1 复合材料在 0.005N 和 0.5N 溶液中,腐蚀速度分别是 12.49g/(m^2·天)和 81.72g/(m^2·天),大约是基体合金的 6 倍。Stoganova 和 Timonova 也获得一些数据,这些数据与之前得到的数据近似。他们的实验是在 0.005N NaCl 溶液中进行的。他们也未能测出镁与纯硼之间的电偶电流,但是能测出镁与有钨线的硼丝之间的电流。镁与封闭含钨的硼丝之间的电流能测出,而与纯硼之间则不能,这个事实表明硼丝外层成分是硼化钨而不是纯硼。

4. Al₂O₃/Mg 基复合材料的腐蚀研究

在 Al_2O_3 纤维增强镁基复合材料中不应得到电偶腐蚀，因为它是绝缘体。然而，Levy 和 Czyrklrs 发现 Al_2O_3（简写为 FP）/AZ91C MMC 在氯化物溶液相对于基体合金更易于腐蚀。在 25℃ 的 50×10^{-6} Cl⁻ 溶液中，对腐蚀速度仅是 0.10mm/年的合金而言，复合材料腐蚀速度则为 0.7mm/年。当温度增加到 60℃时，腐蚀速度猛增到大约 150mm/年，然而合金的腐蚀速度仅增加到 0.13mm/年。在 25℃ 的 3.5% NaCl 溶液中的腐蚀速度最大，与合金 3.6mm/年的速度相比较，复合材料腐蚀速度高达 350mm/年。在氯化物以外的环境下，复合材料对金属而言，具有同等或更大的腐蚀性。在 25℃ 或 66℃ 的 95% 相对湿度环境下，复合材料有相当高的腐蚀速度，明显是由 Al_2O_3 纤维的存在引起的。在基体与 Al_2O_3 纤维之间不可能发生电偶腐蚀，因为 Al_2O_3 纤维为绝缘体，然而，在基体与界面相或沉淀相之间可能发生电偶腐蚀，它们是由于 Al_2O_3 纤维的存在形成的。他们指出，在 50×10^{-6} Cl⁻ 溶液中，35% Al_2O_{3F}[①]/AZ91C MMC 的腐蚀电位更高，表明电偶腐蚀是可能发生的。但是，Al_2O_3 加速腐蚀的机理还未确定。

综上所述，MMC 的腐蚀取决于它们的组成材料以及制造工艺。因此，明智地选择 MMC 的组成成分有利于发展有足够抗腐蚀性的 MMC。制造工艺对 MMC 腐蚀行为的影响更难于预测，并且有时可能在 MMC 被生产出和检查之后才能完全知道。因此，通过以上的镁基复合材料腐蚀研究的综述，进一步了解它的腐蚀行为和腐蚀影响因素，对研究镁基复合材料腐蚀行为机理有重要意义。

1.8.2 镁基复合材料防腐技术

镁基复合材料的耐腐蚀性能很差，所以以提高镁基材料耐腐蚀性能为目的的表面防护处理研究就显得尤为重要。有关提高镁基复合材料耐腐蚀性能方法的研究比较少，目前报道的镁基复合材料的腐蚀防护方法以施加保护性涂层为主，主要包括化学转化处理和激光熔覆技术，还有少量关于镁基复合材料激光表面热处理的研究信息。

1. 化学转化处理

通过化学处理可以在基底表面形成由氧化物或金属盐构成的钝化膜，即化学转化膜。化学转化膜起到屏障作用，能够减缓基体的腐蚀。一般化学转化膜不能单独应用，要与有机涂层配合使用，作为有机涂层的基底。关于采用化学转化技术改善镁基复合材料耐腐蚀性能的报道非常有限。M. A. Gonzalez-Nunez 等采用锡酸盐体系的溶液在 SiCp/ZC71 镁基复合材料表面成功制备了无铬化学

---

① Al_2O_3 纤维，简写为 Al_2O_{3F}。

转化膜。结果表明,该复合材料中的 SiC 颗粒对于膜层的生长并没有明显的负面影响,而且与 ZC71 合金相比,复合材料表面转化膜的生长速度相对要快,这是因为 SiC 颗粒的存在使复合材料中具有更多的细小而分布均匀的阴极位置,从而加速了转化膜的形成。但是文献中并没有说明这种化学转化膜是否提高了复合材料的耐腐蚀性能。

2. 激光表面熔覆和激光表面热处理

激光表面熔覆技术一般分两步进行,即热喷涂和激光重熔,最后形成与基底之间冶金结合的表面涂层。关于镁基复合材料激光表面处理的研究工作相对较多,T. M. Yue 等以提高耐腐蚀性能为主要目的,对 SiCp/ZK60 镁基复合材料的激光表面热处理和激光表面熔覆进行了较为系统的研究。

在 SiCp/ZK60 镁基复合材料激光表面热处理的研究中,T. M. Yue 等认为,既然已有研究证明没有合金基体和 SiC 相之间的电偶腐蚀发生,也不存在基体与增强相之间界面处的优先腐蚀行为,则激光表面热处理提高镁基复合材料耐腐蚀性能的原因不是激光改性层覆盖了 SiC 颗粒,而是因为激光表面热处理过程中的快速凝固引起了组织的细化,尤其是共晶相的细化。也可能是在镁基复合材料表面形成的非晶结构改善了复合材料的耐腐蚀性能。

T. M. Yue 等还通过包括热喷涂和激光重熔两步的激光熔覆技术,分别采用不锈钢粉、Al-Zn 混合粉和 Al-Si 合金粉等在 SiCp/ZK60 镁基复合材料表面制备了激光覆层,均在一定程度上提高了镁基复合材料的耐腐蚀性能。

3. 阳极氧化和微弧氧化

以不锈钢、铁、镍或导电性电解池本身为阴极,以欲处理的金属为阳极,在适当的电解质溶液中,在控制工艺参数如电压、电流密度以及电解质溶液组成、浓度、温度和 pH 值等的条件下进行阳极极化,即可在金属表面获得阳极氧化膜层。微弧氧化技术是在常规阳极氧化的基础上,增加工作电压,使电压从普通阳极氧化法拉第区进入到微弧放电区,因此微弧氧化技术是一种特殊的阳极氧化,也称为火花放电阳极氧化。

镁合金的阳极氧化或微弧氧化已经被广泛研究,甚至已经在实际生产中得到应用,目前将阳极氧化或微弧氧化技术应用于镁基复合材料表面处理的相关研究较少。但是,铝基复合材料的阳极氧化已有较多的研究,铝基复合材料的微弧氧化也有了初步的研究,可见,阳极氧化和微弧氧化表面处理技术也同样适用于一些以阀金属及其合金为基体的金属基复合材料。

参 考 文 献

[1] 克莱因 T W,威瑟斯 P J. 金属基复合材料导论. 余永宁,房志刚,译,北京:冶金工业出版社,1996.

[2] Laurent V,Jarry P,Regazzoni G,et al. Processing-Microstructure Relationships in Compocast Magnesium/ SiC. J. Mater. Sci. 1992,Vol. 27. 4447-4459.

[3] Rozak G A,Ph. D thesis. Effects of processing on the properties of aluminum and magnesium matrix composites. Case Western Reserve University,1993.

[4] Inem B. Dynamic Recrystallization in a Thermomechanically Processed Metal Matrix Composite. Mater. Sci. Eng. A. 1995,197:91-95.

[5] Wilks T E. Cost-Effective Magnesium MMCs. Adv. Mater. Processes. 1992,8:27-29.

[6] Lloyd D J. Particle reinforced aluminum and magnesium matrix composites. Int. Mater. Rev. 1994,39(1): 1-23.

[7] Wilks T E. The development of a cost-effective particulate reinforced magnesium composites. International Congress & Exposition. Detroit. Michigan. February 24-28. 1992. SAE paper No. 920457.

[8] Rawal S,Metal-Matrix Composites for Space Applications,JOM,2001,53(4):14-17.

[9] Hashim J,Looney L,Hashmi M S J. Metal Matrix Composites. Production by the Stir Casting Method. J. Mater. Proc. Techol. 1999,92-93:1-7.

[10] Wang X J,Wu K,Huang W X,et al. Study on fracture behavior of particulate reinforced magnesium matrix composite using in situ SEM. Composites Science and Technology,2007,67:2253-2260.

[11] Wang X J,Wu K,Zhang H F,et al. Effect of hot extrusion on the microstructure of a particulate reinforced magnesium matrix composite. Materials Science and Engineering A,2007,465:78-84.

[12] Wang X J,Nie K B,Hu X S,et al. Effect of extrusion temperatures on microstructure and mechanical properties of SiCp/Mg-Zn-Ca composite. Journal of Alloys and Compounds,2012,532:78-85.

[13] 王慧远. 原位颗粒增强镁基复合材料的制备. 长春:吉林大学,2004.

[14] 张从发. 自生增强镁基复合材料设计制备及组织调控研究. 上海:上海交通大学,2010.

[15] 陈晓. 原位自生颗粒增强镁基复合材料的研究. 长沙:中南大学,2005.

[16] 李新林. TiC 颗粒增强镁基复合材料的制备. 长春:吉林大学,2005.

[17] Ye Z H,Liu X Y. Review of recent studies in magnesium matrix composites,Journal of Materials Science 39(2004)6153- 6171.

[18] Oakley R,Cochrane R F,Stevens R. Recent Developments in Magnesium Matrix Composite. Key. Eng. Mater,1995,104-107:387-416.

[19] Krishnadev M R,Angers R,Krishnadas N C G,et al. The Structure and Properties of Magnesium- Matrix Composites. Jom,1993(8):52-54.

[20] Kainer K U. P/M Short Fiber-Reinforced Magnesium. Advances in Powder Metallurgy. 1991:293-305.

[21] Albright D L. Review of Magnesium Matrix Composites. Proceedings of 46th Annual World Magnesium Conference,1989:33-44.

[22] 郑明毅. SiCw/AZ91 镁基复合材料的界面与断裂行为. 哈尔滨:哈尔滨工业大学,1999.

[23] 郑明毅,吴昆,赵敏,等. 不连续增强镁基复合材料的制备与应用. 宇航材料工艺,1997(6):6-10.

[24] 兰永德,汤伯祥,苏华钦,等. 国外镁基复合材料的研究与应用. 江苏冶金,1995(4):57-58.

[25] Lan J,Yang Y,Li X. Microstructure and Microhardness of SiC Nanoparticles Reinforced Magnesium Composites Fabricated by Ultrasonic Method. Materials Science and Engineering A,2004,386:284-290.

[26] Nie K B,Wang X J,Wu K,et al. Development of SiCp/AZ91 magnesium matrix nanocomposites using ultrasonic vibration. Materials Science and Engineering A,2012,540:123-129.

[27] Li C D, Wang X J, Liu W Q, et al. Microstructure and strengthening mechanism of carbon nanotubes reinforced magnesium matrix composite. Materials Science and Engineering: A, 2014, 597: 264-269.

[28] Chen L Y, Konishi H, Fehrenbacher A, et al. Novel nanoprocessing route for bulk graphene nanoplatelets reinforced metal matrix nanocomposites. Scripta. Mater, 2012, 67: 29-32.

[29] Hassan S F, Gupta M. Development of a novel magnesium-copper based composite with improved mechanical properties. Materials Research Bulletin, 2002, 37, 377-389.

[30] Luo A. Processing, microstructure, and mechanical behavior of cast magnesium metal matrix composites. Metall. Mater. Trans. A. 1995, 26: 2445-2455.

[31] 谢国宏. 搅拌铸造法制造颗粒增强铝基复合材料的研究与发展. 材料工程, 1994(12): 5-7.

[32] Saravanan R A, Surappa M K. Fabrication and characterisation of pure magnesium - 30 vol. % SiCp particle composite. Mater. Sci. Eng. A., 2000, 276: 108-116.

[33] Gui M C, Han J M, Li P Ỳ. Fabrication and characterization of cast magnesium matrix composites by vacuum stir casting process. J. Mater. Eng. Perform. 2004, 12(2): 128-134.

[34] Poddar P, Srivastava V C, De P K, et al. Processing and mechanical properties of SiC reinforced cast magnesium matrix composites by stir casting process. Mater. Sci. Eng. A., 2007, 460-461: 357-364.

[35] Mikucki B A, Mercer W E, Green W G. Extruded Magnesium Alloys Reinforced with Ceramic Particles. Light. Met. Age, 1990, 6: 12-16.

[36] Hashim J, Looney L, Hashmi M S J. Particle distribution in cast metal matrix composites-Part II. J. Mater. Proc. Techol, 2002, 123: 258-263.

[37] 吴人杰, 谢国宏. 颗粒 MMC 中颗粒推移效应的研究现状及发展. 材料导报, 1993, 4: 69-71.

[38] Zhou W, Xu Z M. Casting of SiC Reinforced Metal Matrix Composites. J. Mater. Proc. Techol, 1997, 63: 358-363.

[39] 锦吴波, 杨全. 铸造复合材料研究进展. 铸造, 1991, 6: 1-5.

[40] 刘立新. 金属-陶瓷粒子型铸造复合材料. 宇航材料工艺, 1988, 1: 11-18.

[41] Luo A. Development of Matrix Grain Structure during the Solidification of a Mg(AZ91)/SiCp Composite. Script. Metall. Mater, 1994, 31(3): 1253-1258.

[42] Cai Y, Tan M J, Shen G J, et al. Microstructure and heterogenous nucleation phenomena in cast SiC particles reinforced magnesium composite. Mater. Sci. Eng. A, 2000, 282: 232-239.

[43] Cai Y, Shen G J, Su H Q. The Interface Characteristics of As-cast SiCp/Mg(AZ80) Composite. Scripta. Mater, 1997, 37: 737-742.

[44] Klier E M, Mortensen A, Cornie J A, et al. Fabrication of cast particle-reinforced metals via pressure infiltration. J. Mater. Sci, 1999, 26: 2519-2526.

[45] Chawla N, Chawla K K. Metal Matrix Composites(Second Edition), Springer New York Heidelberg Dordrecht London, 2013.

[46] 吴昆. SiCw/AZ91 镁基复合材料的界面结构及时效行为. 哈尔滨: 哈尔滨工业大学, 1995.

[47] 王春艳. Al18B4O33w/Mg 复合材料热压缩变形行为与微观机制. 哈尔滨: 哈尔滨工业大学. 2007.

[48] 王俊. 用高能超声法制备的 MMCp 及其细观力学行为. 南京: 东南大学, 1997: 1-113.

[49] Yang Y, Lan J, Li X. Study on Bulk Aluminum Matrix Nano-composite Fabricated by Ultrasonic Dispersion of Nano-Sized SiC Particles in Molten Aluminum Alloy. Materials Science and Engineering A, 2004, 380: 378-383.

[50] 李文珍,贾秀颖,高飞鹏.超声分散法制备纳米SiC增强镁基复合材料.特种铸造及有色合金,
      2008(S1):287-289.

[51] 聂凯波.多向锻造变形纳米SiCp/AZ91镁基复合材料组织与力学性能研究.哈尔滨:哈尔滨工业
      大学,2012.

[52] 李淑波.AZ91合金和SiCwAZ91复合材料的高温压缩变形行为.哈尔滨:哈尔滨工业大学,2004:
      1-26 117-118.

[53] 陈礼清,董群,郭金花,等.TiC/AZ91D镁基复合材料高温压缩变形行为.金属学报,2005,41:
      326-332.

[54] 胡连喜,李小强,王尔德,等.挤压变形对SiCw/ZK51A镁基复合材料组织和性能的影响.中国有
      色金属学报,2000(10):680-68.

[55] 谢文,刘越,张振伟,等.挤压温度对15vol%SiCp/Mg-9Al镁基复合材料拉伸性能与断口形貌的影
      响.复合材料学报,2006(23):127-133.

[56] 张文龙,王红,王德尊.热挤压变形对SiCw/6A02复合材料中晶须状态的影响.轻合金加工技术.
      2001,29:28-30.

[57] 张文龙,付卫红,王德尊,等.热挤压对SiCw/Al复合材料塑性的影响.材料工程,2001(6):
      13-15.

[58] 张文龙,王德尊,姜传海,等.热挤压工艺参数对挤压铸造SiCw/L3复合材料组织和性能的影响.
      中国有色金属学报,1999(9):35-40.

[59] 李建辉,李春峰.正挤压对SiCw/6061Al晶须形貌的影响.材料科学与工艺,2004,12:449-452.

[60] Ehrstom J C, Kool W H. Migration of particles during extrusion of metal matrix composites. J. Mater.
      Sci. Lett.,1988(7):578-580.

[61] Surappa M K. On the Nature of Particle Flow during extrusion of cast 6061 Al/SiCp composites. J. Mater.
      Sci. Lett.,1993,12:1272-1273.

[62] Tham L M, Gupta M, Cheng L. Effect of reinforcement Volume fraction on the evolution of reinforcement
      size during the extrusion of Al-SiC composites. Mater. Sci. Eng. A.,2002,326:355-363.

[63] 严峰,吴昆,赵敏,等.热挤压对SiCw/MB15镁基复合材料组织和性能的影响.稀有金属材料与工
      程,2003,32:647-649.

[64] 程羽,郭生武,郭成,等.热挤压对颗粒增强金属基复合材料组织和性能的影响.兵器材料科学与
      工程,2000,23:31-34.

[65] 郑晶,马光,王智民,等.热挤压对铝基复合材料力学性能的影响.稀有金属,2006,30:133-136.

[66] 吴昆,神尾彰彦.挤压态SiCw/AZ91镁基复合材料的组织及其性能.兵器材料科学与工程,1993
      (6):3-6.

[67] Bhanu Prasad V V, Bhat B V R, Mahajan Y R, et al. Effect of extrusion parameters on structure and prop-
      erties of 2124 aluminum alloy matrix composites. Mater. Manuf. Process,2001,16(6):841-853.

[68] Rahmani Fard R, Akhlaghi F. Effect of extrusion temperature on the microstructure and porosity of A356-
      SiCp composites. J. Mater. Proc. Techol.,2007,187-188:433-436.

[69] Borrego A, Fernandez R, Cristina M D C, et al. Influence of extrusion temperature on the microstructure
      and the texture of 6061Al-15 vol.% SiCw PM composites. Compos. Sci. Technol.,2002,62:731-742.

[70] Zhong W M, Goiffon E, Lesperance G, et al. Effect of thermomechanical processing on the microstructure
      and mechanical properties of Al-Mg(5083)/SiCp and Al-Mg(5083)/Al₂O₃ₚ composites. Part 1:

Dynamic recrystallization of the composite . Mater. Sci. Eng. A. ,1996,214:84-92.

[71] Zhong W M,Goiffon E,Lesperance G,et al. Effect of thermomechanical processing on the microstructure and mechanical properties of Al-Mg(5083)/SiCp and Al-Mg(5083)/ Al_2O_{3p} composites. Part 3:Fracture mechanisms of the composites. Mater. Sci. Eng. A. ,1996,214:104-114.

[72] Davies C H J,Chen W C,Hawbolt E B,et al. Particle fracture during extrusion of a 6061/alumina composite. Script. Metall. Mater,1995,32:309-314.

[73] Davies C H J,Chen W C,Lloyd D J,et al. Modeling particle fracture during the extrusion of aluminum/alumina composites,Metall. Trans. A. ,1996,27:4113-4120.

[74] Sklenicka V,Svoboda M,Pahutová M,et al. Microstructural Processes in Creep of an AZ91 Magnesium-Based Composite and its Matrix Alloy. Mater. Sci. Eng. A. 2001,319-321:741-745.

[75] Svoboda M,Pahutová M,Kuchařová K,et al. The Role of Matrix Microstructure in the Creep Behaviour of Discontinuous Fiber - Reinforced AZ91 Magnesium Alloy. Mater. Sci. Eng. A. , 2002, 324 (1 - 2) : 151-156.

[76] Li Y,Langdon T G. Creep behavior of an AZ91 magnesium alloy reinforced with alumina fibers. Metall. Trans. A. ,1999,30:2059-2065.

[77] 于化顺,高瑞兰,闫光辉,等. Mg-Li 合金及复合材料的抗蠕变性能. 特种铸造及有色合金,2002 (1):8-9.

[78] Nieh T G,Schwartz A J,Wadsworth J. Superplasticity in a 17 vol. % SiC particulate-reinforced ZK60A magnesium composite(ZK60/SiC/19p). Mater. Sci. Eng. A. ,1996,208:30-36.

[79] Mabuchi M, Higashi K. High - strain - rate superplasticity in Magnesium matrix composites containing Mg_2Si particles. Philos. Mag. A. ,1996,74:887-905.

[80] Mabuchi M,Kubota K,Higashi K. High strength and high strain rate superplasticity in a Mg-Mg_2Si composite. Script. Metall. Mater,1995,33:331-335.

[81] Watanabe H,Mukai J,Ishikawa K. Superplasticity of a Particle-Strengthened WE43 Magnesium Alloy. Mater. Trans. 2001,42(1):157-162.

[82] 严峰. SiCw/MB15 复合材料的微观组织与变形断裂行为. 哈尔滨:哈尔滨工业大学. 2003.

[83] Sitdikov O, Kaibyshev R, Dynamic recrystallization in pure magnesium. Mater. Trans. , 2001, 42: 1928 - 1937.

[84] Ion S E,Homphreys F J,Whice S H. Dynamic Recrystalliastion and the Development of Microstructure during the High Temperature Deformation of Magnesium. Acta. Metall,1982,30(10):1909-1919.

[85] Watanabe H. Study on thedeformation mechanism of fine-grained superplasticity using magnesium-based materials. Ph. D thesis. Osaka Prefecture University,2002.

[86] Kaibyshev R,Sitdikov O. Low-Temperature Dynamic Recrystallization of Magnesium. Phys. Metals,1994, 13(3):275-283.

[87] 刘楚明,刘子娟,朱秀荣,等. 镁及镁合金动态再结晶研究进展. 中国有色金属学报,2006,16(1): 1-12.

[88] 陈振华,许芳艳,傅定发,等. 镁合金的动态再结晶. 化工进展,2006,25(2):140-146.

[89] Kaibyshev R,Sitdikov O. Dynamic recrystallization of magnesium at ambient temperature. Z. Metallkd, 1994,85:738-743.

[90] Galiyev A,Kaibyshev R,Gottstein G. Correlation of plastic deformation and dynamic recrystallization in

magnesium alloy ZK60. Acta. Mater,2001(49):1199-1207.

[91] del Valle J A,Perez-Prado M T. Ruano O A,Texture evolution during large-strain hot rolling of the Mg AZ61. Mater. Sci. Eng. A. ,2003,355:68-78.

[92] Wang Y N,Huang J C. Texture analysis in hexagonal materials. Mater. Chem. Phys. ,2003,81:11-26.

[93] Doherty R D,Hughes D A,Humphreys F J,et al. Current issues in recrystallization:a review. Mater. Sci. Eng. A. ,1997,238:219-274.

[94] Perez-Prado M T,Ruano O A. Texture evolution during annealing of magnesium AZ61 alloy. Scripta. Mater,2002,46:149-155.

[95] Perez-Prado M T, Ruano O A. Texture evolution during grain growth in annealed Mg AZ61 alloy. Scripta. Mater,2003,48:59-64.

[96] Humphreys F J,Kalu P N. Dislocation-particle interactions during high temperature deformation of two-phase aluminium alloys Acta. Metall,1987,35:2815-2829.

[97] Hansen N,Barlow C. "Microstructural evolution in whisker- and particle-containing materials" in Fundamentals of Metal-Matrix Composites, S. Suresh, A. Mortensen, A. Needleman, Eds. , Butterworth-Heinemann,1993:109-118.

[98] Liu Y L,Hansen N,Juul Jensen D. Recrystallization Microstructure in Cold-Rolled Aluminum Composites Reinforced by Silicom Carbide Whiskers. Metall. Trans. A. ,1989,20:1743-1753.

[99] Liu Y L,Juul Jensen D,Hansen N. Recover and recrystallization in cold-rolled Al-SiSw Composites. Metall. Trans. A. ,1992,23:807-818.

[100] Chan H M,Humphreys F J. The recrystallization of Aluminium-Silicon alloys containing a bimodal particle distribution. Acta. Metall,1984,32:235-243.

[101] Ferry M,Munore P R,Crosky A. the Effect of processing parameters on the recrystallized grain size and shape of particulate reinforced metal matrix composite,Script. Met. Metall,1993,29:741-746.

[102] Humphreys F J. the Nucleation of recrystallization at second phase particles in deformed aluminium. Acta. Metall,1977,25:1323-1344.

[103] Poudens A,Bacroix B,Bretheau T. Influence of microstructures and particle concentrations on the development of extrusion textures in metal matrix composites. Mater. Sci. Eng. A. ,1995,196:219-228.

[104] Poudens A, Bacroix B. Recrystallization textures in Al-SiC metal matrix composites. Scripta. Mater, 1996,34:875-855.

[105] Bowen A W,Ardakani M G,Humphreys F J. Deformation and Recrystallization Texture in Al-SiC Metal-Matrix composites. Mater. Sci. Forum,1994,57-162:919-926.

[106] Garces G,Perez P,Adeva P. Effect of the extrusion texture on the mechanical behaviour of Mg-SiCp composites. Scripta. Mater,2005,52:615-619.

[107] Jansen E M,Brokmeier H G,Kainer K U. Texture of ceramic reinforced Magnesium composites. Proceedings of the 12th International Conference on Texture of Materials(ICOTOM-12). Montreal. Canada, 1999:1482-1487.

[108] 江海涛,李淼泉. 半固态金属材料的制备技术及应用. 重型机械,2002(2):1-5.

[109] 李昊,桂满昌,周彼德. 搅拌铸造金属基复合材料的热力学和动力学机制. 中国空间科学技术, 1997(1):9-16.

[110] Rohatgi P K,Yarandi F M,Liu Y,et al. Segregation of silicon carbide by settling and particle pushing in

35

Cast aluminum-silicon-carbide particle composites. Mater. Sci. Eng. A. ,1991,147:L1-L6.

[111] Asthana R,Tewari S N. The engulfment of foreign particles by a freezing interface. J. Mater. Sci. ,1993, 28:5414-5424.

[112] Samuel A M,Gotmare A,Samuel F H. Effect of Solidification Rate And Metal Feedability on Porosity And SiC/Al$_2$O$_3$ Particle Distribution in An Al-Si-Mg(359) Alloy. Compos. Sci. Technol. ,1995,53: 301-315.

[113] Tekmen C,Ozdemir I,Cocen U,et al. The mechanical response of Al-Si-Mg/SiCp composite:influence of porosity. Mater Sci. Eng. A. ,2003,360:365-371.

[114] Ahmad S N,Hashim J,Ghazali M I. The Effects of Porosity on Mechanical Properties of Cast Discontinuous Reinforced Metal-Matrix Composite. J. Comp. Mater. ,2005,39:451-466.

[115] Pettersen G,Ovrelid E,Tranell G,et al. Characterisation of the surface films formed on molten magnesium in different protective atmospheres. Mater Sci. Eng. A. ,2002,332:285-294.

[116] Miller W S,Humphrey F J. Strengthening Mechanisms in Particulate Metal matrix composites. Script. Met. Metall. ,1991,25:33-38.

[117] Miller W S,Humphrey F J. Strengthening Mechanisms in Particulate Metal matrix composites-Rely to Comments by Arsenault. Script. Met. Metall,1991,25:2623-2626.

[118] Vogelsang M,Arsenault R J,Fisher R M. An in situ HREM Study of Dislocation Generation at Al/SiC Interfaces in Metal Matrix Composites. Metall. Trans. A. ,1986,17:379-389.

[119] Arsenault R J,Shi N. Dislocation Generation Due to Differences between the Coefficients of Thermal Expansion. Mater. Sci. Eng. ,1986(81):176-187.

[120] Mummery P M,Derby B. In situ scanning electron microscope studies of fracture in particulate-reinforced metal-matrix composites. J. Mater. Sci. ,1994(29):5615-5624.

[121] Zheng M Y,Zhang W C,Wu K,et al. The deformation and fracture behavior of SiCw/AZ91 magnesium matrix composite during in-situ TEM straining. J. Mater. Sci. ,2003,38:2647-2654.

[122] Manoharan M,Lewandowski J J. In situ deformation studies of an metal-matrix composite in a scanning electron microscope. Scripta. Metall,1989,23:1801-1804.

[123] You C P,Thompson A W,Bernstein I M. Proposed failure mechanism in a discontinuously reinforced aluminum alloy. Scripta. Metall,1987,21:181-815.

[124] Sohn K,Euh K,Lee S,et al. Mechanical property and fracture behavior of squeeze cast Mg matrix composites. Mater. Trans. A. ,1998,29:2543-2553.

[125] Ma Z Y,Liu J,Yao C K. Fracture mechanism in SiCw-6061 Al composite. J. Mater. Sci. ,1991,26:1971-1976.

[126] Vreeling JA,Ocelik V,Hamstra GA,et al. In-situ microscopy investigation of failure mechanisms in Al/SiCp metal matrix composite produced by laser embedding. Scripta. Mater,2000,42:589-595.

[127] Handianfard M J,Healy J,Mai Y M. Fracture characteristics of a particulate-reinforced metal matrix composite. J. Mate. Sci. ,1994;29:2321-2327.

[128] Trzaskoma. Pit Morphology of Aluminum Alloy and SiC/Aluminum Metal Matrix Composites. Corrosion, 1990,46(5):402-409.

[129] 陆峰,郑卫东,岳文华等. 铝基复合材料的腐蚀研究现状. 表面技术,1998,27(6):20-21.

[130] Coleman S L,Scott V D. Mechanism of film growth during anodizing of A1-alloy-8090/SiC metal com-

posites. Materials Science,1994(29):2826.

[131] 王艳秋. 镁基材料微弧氧化涂层的组织性能与生长行为研究. 哈尔滨:哈尔滨工业大学,2007:25-31.

[132] Nunez-Lopez C A. The Corrosion Behavior of Mg Alloy ZC71/SiCp Metal Matrix Composite. Corrosion Science,1995,37(5):689-708.

[133] Zucchi F. Corrosion Behavior in Sodium Sulfate And Sodium Chloride Solutions of SiCp Reinforced Magnesium Alloy Metal Matrix Composites. Corrosion,2004(27):362-368.

[134] Hihara L H. Galvanic Corrosion between SiC Monofilament and Magnesium in NaCl,Na_2SO_4,and $NaNO_3$ Solution for Application to Metal Matrix Composites. Corrosion Science,1994,36(9):1585-1595.

[135] Hall I W. Corrosion of Carbon/Magnesium Metal Matrix Composites. Peramon Journals,1987,21(6):1717-1721.

[136] Timonova A,IspirYakina G,Zolotareva A. Corrosion resistance and electrochemical characteristic of a composite material with a magnesium matrix. Metallow. Term. Obrab Met. 1980,11:33-35.

[137] 董春伟. AZ91 合金及 Al18B4O33W/AZ91 复合材料在氯化钠溶液中的腐蚀行为[D]. 哈尔滨工业大学,2005.

[138] 周婉秋,单大勇,曾荣昌,等. 镁合金的腐蚀行为与表面防护方法. 材料保护,2002,35(7):1-4.

[139] Gonzalez-Nunez M A,Nunez-Lopez C A,Skeldon P,et al. A Non-chromate Conversion Coating for Magnesium Alloys and Magnesium-based Metal Matrix Composites. Corros. Sci. ,1995,37:1763-1772.

[140] Yue T M,Hu Q W,Wei Z,et al. Laser Cladding of Stainless Steel on Magnesium ZK60/SiC Composite. Mater. Lett. ,2001,47:165-170.

[141] Yue T M,Wang A H,Man H C. Improvement in the Corrosion Resistance of Magnesium ZK60/SiC Composite by Excimer Laser Surface Treatment. Scripta Mater. 1998,38:191-198.

[142] Mei Z,Guo L F,Yue Y M. The Effect of Laser Cladding on the Corrosion Resistance of Magnesium ZK60/SiC Composite. Mater. Processing Technol,2005,161:462-466.

[143] 薛文斌,邓志威,来永春,等. 有色金属表面微弧氧化技术评述. 金属热处理,2000,(1):1-3.

[144] 贺春林,刘常升,国玉军,等. SiCp/2024Al 铝基复合材料及其阳极氧化膜的腐蚀行为. 东北大学学报(自然科学版),2001,22(4):423-426.

[145] 辛世刚,宋力昕,赵荣根,等. 铝基复合材料微弧氧化陶瓷膜的组成与性能. 无机材料学报,2006,21(1):223-229.

[146] 薛文斌. SiC 颗粒增强体对铝基复合材料微弧氧化膜生长的影响. 金属学报,2006,42(4):350-354.

[147] Xue W B,Wu X L,Li X J,et al. Anti-corrosion Film on 2024/SiC Aluminum Matrix Composite Fabricated by Microarc Oxidation in Silicate Electrolyte. J. Alloys Compd. ,2006,425:302-306.

[148] Cui S H,Han J M,Du Y P,et al. Corrosion Resistance and Wear Resistance of Plasma Electrolyte Oxidation Coating on Metal Matrix Composites. Surf. Coat. Technol. 2007,201:5306-5309.

第 2 章　搅拌铸造 SiCp/AZ91 复合
材料制备、组织与性能

2.1　引　言

镁基复合材料克服了镁合金的低强度、低硬度和低刚度等缺点,越来越受到人们的关注,在航空航天和汽车等领域有着广泛的应用前景。但是,镁基复合材料的高成本限制了其广泛应用。镁基复合材料的高成本主要来自两个方面,即增强体成本和制备工艺成本。搅拌铸造 SiCp 增强镁基复合材料恰好解决这两个方面的成本问题。首先,SiCp 不仅价格低廉而且力学性能良好;其次,搅拌铸造工艺是最简单和成本最低的金属基复合材料制备方法,具备大规模生产和应用的前景。

搅拌铸造的工艺参数主要有搅拌时间、搅拌温度和搅拌速度等。搅拌铸造工艺参数将影响镁基复合材料中颗粒的分布和气孔等显微组织,进而影响复合材料的力学性能。本章将论述搅拌铸造工艺参数对 SiCp/AZ91 镁基复合材料显微组织的影响,探索不同材料组成(颗粒尺寸和体积分数)的 SiCp/AZ91 复合材料的最佳搅拌铸造工艺参数,并讨论铸态复合材料的力学性能和断裂机制。

2.2　SiCp/AZ91 复合材料搅拌铸造制备技术

2.2.1　搅拌温度对 SiCp/AZ91 复合材料显微组织的影响

以 20μm10%SiCp/AZ91 复合材料为例研究搅拌温度对复合材料显微组织的影响。采用两种不同的工艺路线,即液态搅拌工艺和复合铸造工艺(半固态搅拌+液态浇注),如图 2-1 所示。采用了 4 种搅拌温度,具体的搅拌工艺参数如表 2-1 所列。其中,ST-1、ST-2 和 ST-3 为液态搅拌铸造工艺,ST-4 为复合铸造工艺。图 2-2、图 2-3 和图 2-4 分别所示为表 2-1 中 4 种不同搅拌工艺制备的复合材料中颗粒的分布状况。

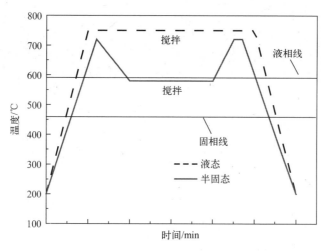

图 2-1　搅拌铸造工艺的时间—温度示意图

表 2-1　20μm 10%SiCp/AZ91 复合材料的搅拌铸造工艺参数

工艺编号	半固态区间搅拌			液态区间搅拌			备注
	温度/℃	速度/(r/min)	时间/min	温度/℃	速度/(r/min)	时间/min	
ST-1	—	—	—	800	1000	50	液态
ST-2	—	—	—	750	1000	50	液态
ST-3	—	—	—	700	1000	50	液态
ST-4	585	1000	15	700	300	10	半固态

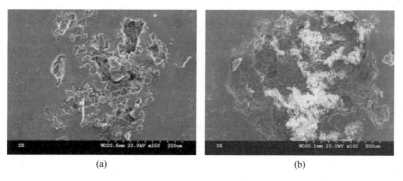

图 2-2　ST-1 工艺制备 SiCp/AZ91 复合材料的 SEM 照片
(a) 颗粒分布；(b) 氧化夹杂。

从图 2-2 和图 2-3 可见,当搅拌温度高于 750℃时,复合材料中颗粒分散不均匀,颗粒团聚严重,而且氧化夹杂较多。由此可见,当搅拌温度较高时,虽然镁

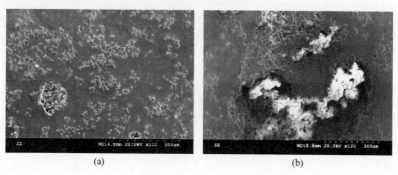

(a)   (b)

图 2-3　ST-2 工艺制备 SiCp/AZ91 复合材料的 SEM 照片
(a) 颗粒分布；(b) 氧化夹杂。

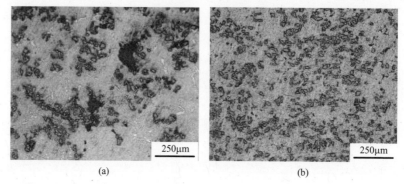

(a)   (b)

图 2-4　ST-3 和 ST-4 工艺制备的 SiCp/AZ91 复合材料的光学显微组织
(a) ST-3；(b) ST4。

液流动性较好,但是高温没有改善颗粒的分散性,不能有效的粉碎团聚的颗粒。并且,温度太高会导致镁合金氧化严重,这将会对复合材料的力学性能产生不利影响,所以镁基复合材料不适合采用较高的搅拌温度,这与 Luo 的研究结果一致。因此,必须进一步降低搅拌温度。如图 2-4(a)所示,搅拌温度为 700℃ 时所制备的复合材料中的颗粒分布和氧化夹杂比搅拌温度为 800℃ 和 750℃ 时有明显改善,但是颗粒分布仍然很不均匀,必须延长搅拌时间或采用更高的搅拌速度。这样必将导致所制备复合材料的空隙率高和氧化夹杂严重,同时也会需要更多的能源,这就等于用复合材料的成本升高换取复合材料质量的严重恶化。所以,SiCp/AZ91 复合材料不宜采用液态搅拌铸造工艺,必须降温到半固态区间搅拌,以提高搅拌效率。

　　图 2-4(b)为复合铸造工艺 ST-4 制备的复合材料中的颗粒分布状态。复合铸造工艺是一种半固态搅拌+液态浇注工艺,即半固态搅拌后立即升温到液态浇注,其核心仍是半固态搅拌。在升温过程中也对复合材料进行搅拌,但是搅

拌速度较低,使熔体表面不产生涡流并且表面的氧化膜不发生破碎,以免吸入气体和夹杂。这样既保持了单纯半固态搅拌的优点又能够大大减少半固态搅拌时吸入的气体。由图 2-4(b)可见,复合材料中颗粒分布均匀,没有颗粒的团聚现象,也观察不到明显的氧化夹杂,说明这种复合铸造工艺达到了预期的搅拌效果,是一种合格的搅拌铸造工艺。由表 2-1 可见,采用半固态搅拌后,搅拌时间仅为液态搅拌的 1/2,而且颗粒分布更加均匀,这就说明半固态搅拌具有高的搅拌效率,能够有效地分散颗粒和粉碎颗粒团聚。半固态搅拌的高效率是由基体中先凝固的固相颗粒所致。在半固态搅拌的作用下,基体中先凝固的固相将被粉碎成无数的细小固相颗粒,这些细小的固相颗粒在搅拌时将会对 SiCp 产生持续的高频率的撞击和摩擦,这样有利于粉碎颗粒团聚和分散颗粒。而且,这种撞击和摩擦对增强体的表面有强烈的清洗作用,能够清除颗粒表面吸附的气体,有利于提高增强体和基体之间的润湿性和结合力。而在液态区间,没有这样预先存在的固相小颗粒,所以就没有半固态搅拌的这种效果。镁合金在高温时非常容易发生氧化和燃烧,所以要尽量降低镁合金熔体的搅拌温度和缩短搅拌时间。而半固态搅拌正好满足了这两个要求。因此,半固态搅拌铸造工艺非常适合制备镁基复合材料。

半固态搅拌的基本原理是在液固两相区间内施以剧烈的搅拌作用,所形成的树枝晶被破碎成细小的彼此隔离的球状固体颗粒,并悬浮在其余仍为液态的金属母液中,由于这些单个的初始固相细小颗粒始终保持着被金属母液分隔的状态,因此,即使固相体积分数高达 60%(以占 40%～55% 为佳),也不会形成相互连接的结晶网络。正是这种细小的固相颗粒大大加强了搅拌效果。而且,这种半固态的金属具有良好均匀的流动性,也正是这种流动性保证了搅拌铸造工艺能够顺利进行,其黏度取决于固相颗粒的体积分数和搅拌速度,属于非牛顿流体。在半固态区间,金属熔体的表观黏度 η_a 在一定温度时随着搅拌速度和时间变化而变化,剪切力 τ 与切变速率 γ 不呈线性关系,即

$$\eta_a = \tau/\gamma = k(\gamma)^m \qquad (2-1)$$

式中:k,m 为常数。

采用半固态搅拌工艺制备复合材料时,固相体积分数由两个方面构成:基体合金中先凝固的固相和加入的陶瓷颗粒。合金中先凝固的固相取决于搅拌温度,可以依据相图根据杠杆原理计算获得,本书 ST-4 工艺中先凝固的固相体积分数为 33%。因此,固相体积分数主要取决于搅拌温度和加入的增强体的体积分数。在半固态区间内,基体合金中先凝固的固相体积分数在能够保证流动的前提下,先凝固的固相体积分数越高对颗粒分散效率越高。但是,研究表明机械搅拌制备的半固态浆料的固相体积分数一般限制在 30%～60% 的范围内,固相

体积分数过大,浸渍在半固态浆料中的搅拌器有停止和破损的危险。在 ST-4 工艺中半固态搅拌温度为 585℃,搅拌过程中能够形成较好的涡流。但是,从 585℃缓慢降温,搅拌黏度逐渐变大,涡流形成缓慢;当搅拌温度降低到 575℃ 时,熔体表面将会停止搅动,搅拌效果仅仅局限在搅拌桨周围部分;继续缓慢降低温度到 570℃时,搅拌桨停止转动。所以,在 ST-4 工艺中,半固态搅拌温度 585℃是制备体积分数为 10% SiCp/AZ91 复合材料的理想搅拌温度。

加入 SiCp 前对颗粒进行预热对颗粒分布有重要影响。如图 2-5 所示,搅拌过程中加入未预热的 SiCp 所制备的复合材料中颗粒团聚现象明显,颗粒团聚内有明显的气孔。但是加入预热到 600℃的 SiCp 时,复合材料中颗粒分布均匀,没有出现颗粒团聚现象,如图 2-4(b)所示,这就说明对颗粒进行预热有利于颗粒的分散。对颗粒预热能够减少吸附在颗粒表面的气体量,而吸附在颗粒表面的气体是阻碍基体和陶瓷颗粒之间润湿的重要因素。首先,颗粒表面所吸附的气体会导致颗粒的浮力迁移效应,进而阻碍颗粒和合金熔体的结合,即使由于搅拌的作用使得颗粒悬浮在熔体中,颗粒表面的气体还是会阻止熔体对颗粒的润湿;其次,加入未预热的 SiCp 会吸收合金的热量,迅速降低了与颗粒接触的熔体的温度,甚至导致颗粒附近熔体的瞬时凝固,这样就等于增加了颗粒分散的难度和阻止了颗粒团聚中气体的逸出,因此必须延长搅拌时间;再次,颗粒的温度越高,升高了颗粒表面激活能,减小了颗粒和熔体之间的润湿角,有利于提高颗粒和合金熔体之间的润湿性,更有利于颗粒和熔体的复合。因此,对 SiCp 进行预热是十分必要的。不考虑其他因素,预热温度越高越有利于颗粒分布。但是温度过高会产生两个问题:首先,预热温度高于搅拌温度太多时,会间接地升高搅拌温度,导致半固态搅拌时固相体积分数下降,进而降低搅拌的效率;其次,试验表明,预热温度高于 700℃后,在颗粒加入的过程中镁液发生燃烧现象,这样就不

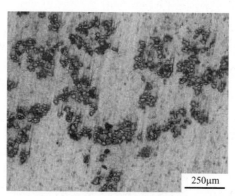

图 2-5　ST-4 工艺制备的复合材料光学显微组织(SiCp 没有预热)

能保证复合材料的质量,甚至会导致搅拌试验的失败。另外,当温度高于 800℃ 时,SiCp 会发生氧化进而导致在颗粒表面生成 SiO_2。因此,本书采取的预热到比半固态搅拌温度略高一点的 600℃ 是一个比较合适的颗粒预热温度。

2.2.2 搅拌速度和搅拌时间对复合材料显微组织的影响

为了研究搅拌速度和搅拌时间对颗粒分布的影响和制备尺寸更小的颗粒增强镁基复合材料,在 2.2.1 节研究结果的基础上为 10μm10%SiCp/AZ91 复合材料制定了如表 2-2 所列的搅拌工艺参数,除 ST-8 工艺外,其他工艺都为复合铸造工艺。表 2-2 中工艺分为涡流搅拌和无涡流搅拌两种,其中 ST-5、ST-6、ST-9 和 ST-10 为涡流搅拌,ST-7 和 ST-8 为无涡流搅拌,并且所有搅拌工艺都采用了氩气除气以降低空隙率。无涡流搅拌能够有效降低搅拌铸造过程中所产生氧化夹杂和吸入的气体量,但是最大的缺点就是不能有效地分散颗粒和粉碎颗粒团聚,因此无涡流搅拌铸造工艺只适合制备尺寸较大的颗粒增强的复合材料。涡流搅拌最大的优点是能够有效地分散颗粒和粉碎颗粒团聚。但是,涡流搅拌会增加复合材料中气孔含量和氧化夹杂的概率,但是只要控制在可接受的范围内对复合材料的力学性能影响较小。另外,还可以利用除气等手段降低空隙率作为涡流搅拌的辅助措施。虽然在铝基复合材料中研究人员已对涡流搅拌开展了深入的研究,但是对镁基复合材料这方面的报道很少。因此,在镁基复合材料中,研究涡流搅拌对颗粒分布的影响是十分必要的。

表 2-2　10μm10%SiCp/AZ91 复合材料搅拌工艺参数

工艺编号	半固态区间搅拌			液态区间搅拌			备注
	温度/℃	速度/(r/min)	时间/min	温度/℃	速度/(r/min)	时间/min	
ST-5	585	1000	15	700	300	15	半固态
ST-6	585	1000	20	700	300	15	半固态
ST-7	585	600	50	700	300	15	半固态
ST-8	—	—	—	700	300	80	液态
ST-9	585	800	20	700	300	15	半固态
ST-10	585	800	26	700	300	15	半固态

图 2-6 是表 2-2 中不同工艺参数制备的复合材料的光学显微组织照片。如图 2-6(a)和(b)所示,虽然在半固态区间形成涡流搅拌,但是所制备的复合材料中没有明显的气孔和氧化夹杂,这就说明在半固态区间采用形成涡流搅拌制备镁基复合材料的方法是合理可行的。如图 2-6(a)所示,在半固态搅拌

15min后虽然能够打碎颗粒的团聚,但是颗粒的微观分布很不均匀,出现面积较大的无颗粒区域和颗粒富集区,所以必须延长搅拌时间使颗粒分散均匀。当半固态搅拌时间延长到20min后,颗粒在基体中分布比较均匀,如图2-6(b)所示。因此,在固定的搅拌速度下,搅拌时间必须足够长才能保证颗粒分布均匀。比较ST-9和ST-10工艺同样可以证明此点,如图2-6(e)和(f)所示。ST-5和ST-6所采用的搅拌速度1000r/min是该搅拌设备所能提供的最大搅拌速度,在此搅拌速度下,涡流形成速度很快,涡流表面在保护气氛下瞬间暴露时间比较短,不超过3s,涡流表面呈现出良好的金属光泽。这可能是复合材料中没有发现明显氧化夹杂的原因之一。但是在ST-9和ST-10工艺下,采用较低的搅拌速度(800r/min)形成涡流搅拌时,发现涡流表面光泽变暗,说明涡流表面氧化比较明显,导致复合材料中氧化夹杂比较明显,如图2-6(e)和(f)中箭头所示。降低搅拌速度后,涡流形成的速度较慢,导致涡流表面在保护气氛下暴露的时间较长,涡流表面有充分的时间发生氧化,因此复合材料中氧化夹杂比较明显。所以在半固态区间形成涡流后,应该尽量采用较大的搅拌速度以缩短涡流表面瞬间暴露时间。

比较图2-6(b)和(e),发现搅拌速度越大越有利于分散颗粒。这是由于搅拌速度越大,基体熔体中已凝固的固相小颗粒对SiCp撞击和摩擦的频率就越大,熔体内各个部分的压力差和速度差越大,所以搅拌速度越高搅拌效率越高。ST-7和ST-8工艺分别是在半固态和液态区间采用长时间无涡流搅拌工艺,其中600r/min和300r/min分别是半固态和液态下不形成涡流时的最大搅拌速度。由图2-6(c)和(d)可见,无涡流搅拌无论在液态还是半固态区间都不能有效的粉碎颗粒团聚,而且采用液态搅拌时颗粒团聚更加严重。这就证明了采用搅拌铸造法制备10μm SiCp/AZ91镁基复合材料时采用长时间无涡流搅拌是不可行的,必须采用涡流搅拌,因为只有形成涡流搅拌时颗粒与已凝固的固相小颗粒之间的摩擦力才能足够大到能够有效地粉碎颗粒团聚。形成涡流与否本质上反映的是搅拌速度的大小,即搅拌速度必须高于一个临界值才能有效的消除颗粒团聚。颗粒尺寸越小,颗粒团聚现象越严重,越不容易分散均匀。所以对颗粒尺寸小于10μm SiCp/AZ91镁基复合材料都必须采用半固态涡流搅拌才能有效破碎颗粒团聚。Rozak虽然采用无涡流搅拌成功制备了20μm SiCp/AZ91复合材料,但是无涡流搅拌不能制备出15μm SiCp/AZ91复合材料,这和本书的研究结果相符。

从图2-6(a)~(d)可见,在搅拌过程中存在两个不同的任务阶段,即打碎颗粒团聚阶段和颗粒均匀分散阶段。颗粒进入熔体内部后,将发生两个过程:一是"宏观混合",即破碎过程;二是"微观混合",即扩散过程。前者是将颗粒团聚分散开,后者是消除混合熔体相邻区域之间浓度上的差异。在图2-6(a)中,"宏

44

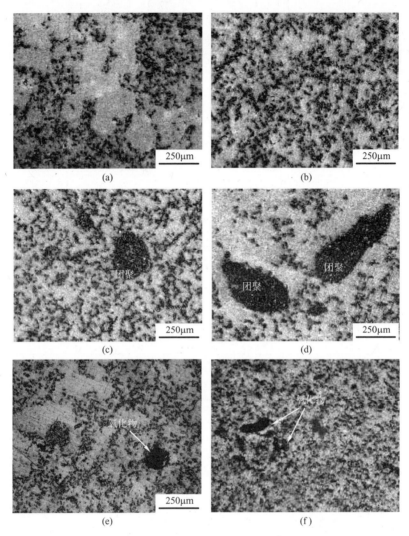

图 2-6 不同工艺制备的 10μm10%SiCp/AZ91 复合材料的光学显微组织
(a) ST-5;(b) ST-6;(c) ST-7;(d) ST-8;(e) ST-9;(f) ST-10。

观混合"已经完成,但是"微观混合"完成得不充分。在粉碎颗粒团聚阶段,需要有足够大的摩擦力才能有效粉碎颗粒自身的团聚,这个阶段需要足够大的搅拌剪切力和相应足够的搅拌时间。在液态区间搅拌和无涡流搅拌不能产生足够大的搅拌剪切力,所以达不到粉碎颗粒团聚的效果,无法完成"宏观混合",如图 2-6(c)和(d)所示。在颗粒分散阶段,主要是使未发生团聚的颗粒和已经被粉碎的颗粒团聚在基体中均匀分散开,这个阶段所需的搅拌力较小,所以在液态搅拌和半固态无涡流搅拌时未团聚的颗粒分散也比较均匀,如图 2-6(c)和(d)所示。在搅拌铸造的前期主要是以粉碎颗粒团聚为主,在搅拌过程的中后期以颗粒分散为主。所以,如果颗粒团聚未被消除,必须延长在半固态区间的搅拌时间或提高搅拌速度。

2.2.3 材料组成对搅拌铸造制备工艺的影响

颗粒尺寸和体积分数对搅拌工艺参数也有重要影响。随着颗粒尺寸的减小和体积分数的升高,熔体的黏度增大,这就需要调整相应的搅拌铸造工艺参数。在 10μm10%SiCp/AZ91 复合材料的搅拌铸造工艺参数基础上,通过反复试验获得了不同材料组成的复合材料的最佳复合铸造工艺参数,详细的工艺参数如表 2-3 所列。可见,随着颗粒尺寸的减小和体积分数的升高,完成"宏观混合"和"微观混合"所需的时间增加,所以必须延长半固态和液态区间的相应的搅拌时间。图 2-7 显示了表 2-3 中不同材料组成复合材料的显微组织。在制备的各种复合材料中,颗粒分布比较均匀,没有发现颗粒团聚现象,也没有明显的氧化夹杂和气孔。

表 2-3 不同种类 SiCp/AZ91 镁基复合材料的搅拌铸造工艺参数

SiCp/AZ91	半固态区间搅拌			液态区间搅拌		
	温度/℃	速度/(r/min)	时间/min	温度/℃	速度/(r/min)	时间/min
5%10μm	585	1000	14	700	300	15
10%10μm	585	1000	20	700	300	15
15%10μm	585	1000	30	720	300	20
10%5μm	585	1000	32	720	300	20
10%50μm	585	1000	10	700	300	10

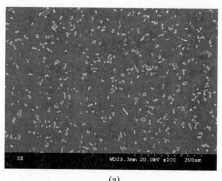

(a)

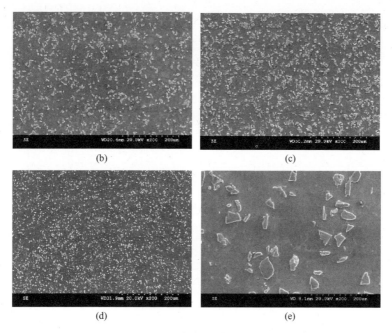

图 2-7　SiCp/AZ91 复合材料的 SEM 显微组织

（a）5%10μm；（b）10%10μm；（c）15%10μm；（d）10%5μm；（e）10%50μm。

2.3　铸态 SiCp/AZ91 复合材料的显微组织

在复合材料的制备过程中有许多不可控制的因素,很多现象也是无法观察到的,所以必须对制备的复合材料的显微组织进行研究,以进一步确定搅拌铸造工艺是否合理。颗粒分布、空隙率和界面反应是评价搅拌铸造金属基复合材料的主要标准,下面就从以上 3 个方面来进一步研究搅拌铸造 SiCp/AZ91 复合材料的显微组织。

2.3.1　铸态 SiCp/AZ91 复合材料的颗粒分布

采用搅拌铸造法制备镁基复合材料遇到最大的问题之一就是如何获得增强体均匀分布。2.2 节研究表明所制备的不同材料组成的复合材料颗粒分布均匀,如图 2-7 所示。尽管如此,还必须从宏观和微观上进一步考察复合材料的颗粒分布。首先,因为在搅拌停止后的静置阶段,SiCp 有可能发生沉积现象,可能导致颗粒浓度宏观上的差异;其次,因为颗粒在凝固过程中会发生迁移,可能导致颗粒分布在微观上的不均匀。在本书的搅拌铸造工艺中,搅拌桨停止搅拌到浇注需要的时间间隔为 1.5min,所以必须研究颗粒在铸锭的宏观分布。为了进一步检验搅拌铸造工艺和浇注工艺的合理性,也必须考察颗粒的微观分布。

1. 颗粒的宏观分布

SiCp 的密度几乎是镁合金的两倍,在静置阶段可能会发生颗粒沉积现象,所以必须考察 SiCp 的宏观分布状况。图 2-8 为 10μm10%SiCp/AZ91 复合材料铸锭上中下 3 个部位的颗粒分布情况。由图可见,在上、中、下 3 个部位,颗粒分布都比较均匀,而且各个部位的颗粒含量也没有明显差异。这就说明颗粒在静止和凝固阶段 SiCp 没有发生明显的沉积现象,颗粒的宏观分布是均匀的。这是由于采用 SiCp 的直径比较小,不易发生沉积。而且静置阶段时间比较短(1.5min),SiCp 来不及沉积。因此,所制备的复合材料的颗粒分布在宏观上是均匀的。

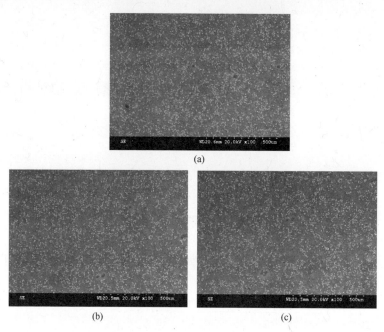

图 2-8　10%10μm 复合材料中不同部位的颗粒分布
(a) 上部;(b) 中部;(c) 下部。

2. 颗粒的微观分布

在凝固过程中,颗粒可能会被凝固前沿界面"吞并"或"推移",这将分别导致颗粒分布在基体的晶粒内部或者晶间区域(晶界附近区域)。如图 2-9(a) 所示,在铸态 SiCp/AZ91 复合材料中,大量的 $Mg_{17}Al_{12}$ 在晶界上析出,晶界都被 $Mg_{17}Al_{12}$ 所覆盖。尽管如此,仍然可见绝大部分 SiCp 分布在晶界附近区域。为了更清楚地观察这种颗粒分布,可对复合材料进行固溶处理(T4),消除第二相

48

的影响,如图 2-9(b)所示。可以清楚地发现,绝大部分 SiCp 偏聚在晶界附近区域,而只有极少数的 SiCp 分布在晶粒内部(如图中箭头所示)。这是搅拌铸造金属基复合材料固有的典型颗粒分布,通常称为"项链状"颗粒分布(Necklace-type Particle Distribution)。因此,复合材料中 SiCp 在微观上分布不均匀。Luo 在镁基复合材料中也观察到了这种现象。这是由于 SiCp 在凝固过程将被凝固前沿的液固界面前沿"推移"所致。这种颗粒分布将对复合材料的力学性能产生不利影响。下面讨论这种"推移"现象在 SiCp/AZ91 复合材料中发生的必然性。

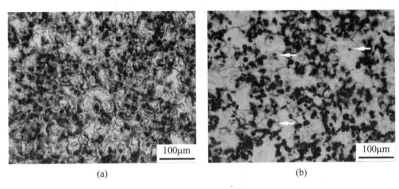

图 2-9 10μm10%SiCp/AZ91 复合材料光学显微组织

(a) 铸态;(b) T4 态。

在复合材料的凝固过程中,由于颗粒和基体合金之间热导率的差别,颗粒将会扰乱合金凝固前沿界面附近的温度场。颗粒和基体合金凝固前沿界面将产生两种不同的交互作用:颗粒被凝固前沿界面"吞并"和颗粒被凝固前沿界面"推移"。如果颗粒被基体合金凝固前沿界面"吞并",颗粒分布在基体的晶粒内部,就不会出现微观上的分布不均匀,此时颗粒能够对基体起到良好的增强效果。但是当颗粒被凝固前沿界面"推移"时,就会出现上述颗粒偏聚在晶界区域的现象,这时颗粒的增强效果就会大大减弱,甚至对力学性能起到负作用。判定颗粒是被凝固前沿界面"吞并"还是被"推移"有两个较为普遍接受的标准,即热导率标准和热扩散系数标准。热导率标准和热扩散系数标准分别为

$$\begin{cases} (K_{p}/K_{1})<1 & (\text{推移}) \\ (K_{p}/K_{1})>1 & (\text{吞并}) \end{cases} \tag{2-2}$$

$$\begin{cases} (K_{p}C_{p}\rho_{p}/K_{1}C_{1}\rho_{1})^{1/2}<1 & (\text{推移}) \\ (K_{p}C_{p}\rho_{p}/K_{1}C_{1}\rho_{1})^{1/2}>1 & (\text{吞并}) \end{cases} \tag{2-3}$$

式中:K_{p},K_{1} 分别为颗粒和基体合金的热导率;C_{p},C_{1} 分别为颗粒和基体合金的比

热容;ρ_p,ρ_l 分别为颗粒和基体合金的密度。

对 Mg/SiC 系统而言,K_p/K_l 和 $(K_pC_p\rho_p/K_lC_l\rho_l)^{1/2}$ 都远远小于 1,所以 SiCp 必然被液固界面前沿推移,导致颗粒在微观上分布的不均匀性,呈"项链状"颗粒分布。

冷却速度对颗粒的微观分布也有重要影响。图 2-10 为同一搅拌工艺下不同冷却速度的 5μm10%SiCp/AZ91 复合材料的颗粒分布状况。如图 2-10 所示,当冷却速度较慢时,"项链状"颗粒分布更加明显。但是当冷却速度较快时,颗粒分布比较均匀。当冷却速度较慢时,基体合金的枝晶尺寸远远大于颗粒的尺寸,颗粒被推移的距离较远,同时被推移颗粒的数量也巨大,这将导致大量的颗粒偏聚在晶界上,导致更典型的"项链状"结构,如图 2-10(a)所示。虽然提高冷却速度不能改变颗粒被推移现象,但是可以减小枝晶的尺寸,这样被推移的颗粒重新分布的距离就会变短,被推移的颗粒的数量也大大减少,这样就会导致颗粒在基体中的分布相对均匀,如图 2-10(b)所示。如果冷却速度极快,使枝晶的尺寸远远小于颗粒的尺寸,这样颗粒在凝固时基本上不会发生移动,这样就有可能获得和搅拌浆刚停止搅拌时几乎一样的颗粒分布。所以要想获得均匀的颗粒分布,必须尽量提高复合材料的冷却速度。

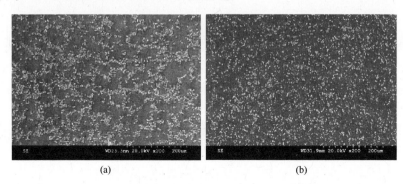

(a)   (b)

图 2-10 不同冷却速度下 5μm10%SiCp/AZ91 复合材料的 SEM 照片
(a)较低凝固速度;(b)较高凝固速度。

总之,为了获得颗粒的均匀分布,除了优化搅拌铸造工艺参数外,还必须尽量缩短静置时间和优化复合材料的铸造工艺。由于静置阶段时间较短,所以没有出现明显的宏观分布差异。同时,由于复合材料的凝固方式采用挤压铸造,冷却速度较快,颗粒分布比较均匀。

2.3.2 铸态 SiCp/AZ91 复合材料的空隙率

搅拌铸造法制备金属基复合材料要克服的另一个重要问题是如何尽量降低

复合材料的空隙率。搅拌铸造法制备的复合材料中气孔主要有两个来源:吸附在增强体表面的气体和搅拌时吸入的气体。所以,在搅拌铸造过程中要想获得颗粒的均匀分布,要求提高搅拌速度或者延长搅拌时间,然而这势必会导致搅拌过程中吸入更多的气体,加大了复合材料的空隙率。本书采用的搅拌铸造工艺能够有效的分散颗粒,为了进一步检验搅拌铸造工艺,所以必须检验复合材料的空隙率。

采用萃取法获得复合材料的实际密度 ρ ,采用阿基米德原理获得铸态复合材料的测量密度 ρ_{mc} ,再由 $\rho = 1-\rho/\rho_{mc}$ 计算得到空隙率 P ,表 2-4 列出了不同复合材料的实际体积分数和空隙率。由表可见,所制备的复合材料的实际体积分数和初始预计的体积分数基本相同,并且体积分数越高,两者之间的差别就越小,这个差别主要是由于搅拌铸造过程中合金和 SiCp 的损耗所致。同时,两者之间的差别小也说明本书所采用的搅拌铸造工艺能够有效的吸纳 SiCp。本书所制备的复合材料的空隙率都在 3.5% 以下,比采用搅拌铸造法制备的同类型复合材料的空隙率低。Laurent 等采用搅拌铸造制备 12μm15%SiCp/AZ91 复合材料的空隙率一般大于 10%,有的甚至高达 30%,远远高出本书复合材料的空隙率,这是由于本书采用氩气除气和挤压铸造的凝固方式等措施有效地降低了复合材料的空隙率。但是,Rozak 制备的 SiCp/AZ91 复合材料的空隙率小于本书复合材料的空隙率,这主要是由于 Rozak 采用的是无涡流搅拌铸造法并且颗粒尺寸比较大(52μm 和 15μm),还以机械震动等手段强化颗粒分布,这样就大大降低了搅拌过程中吸入的气体量和颗粒表面吸附的气体量。但是 Rozak 采用无涡流搅拌铸造不能制备出颗粒尺寸小于 15μm 的 SiCp 增强镁基复合材料。而本书采用半固态涡流搅拌成功制备出小颗粒(10μm 和 5μm)增强的镁基复合材料,并采用挤压铸造方法克服所产生的气孔问题,制备出了颗粒分布均匀和空隙率较低的 SiCp/AZ91 复合材料。由此可见,本书采用的半固态涡流搅拌铸造工艺是合理可行的。

表 2-4　不同种类 SiCp/AZ91 复合材料的空隙率

SiCp/AZ91 复合材料种类	测量密度 ρ_{mc} /(g/cm³)	实际密度 ρ/(g/cm³)	体积分数 /%	空隙率 P /%
10μm5%	1.868	1.889	5.7	1.1
10μm10%	1.926	1.954	10.4	1.4
10μm15%	1.978	2.021	15.3	2.1
5μm10%	1.882	1.944	9.7	3.2
50μm10%	1.937	1.951	10.2	0.7

由表 2-4 可知,随着颗粒尺寸的减小和体积分数的升高,复合材料的空隙率增加。这主要有 3 个方面的原因:①随着颗粒尺寸的减小和体积分数升高,颗粒的总表面积加大,吸附在颗粒表面气体量增多;②分散小颗粒和高体积分数的颗粒所需搅拌时间也随之增加,导致搅拌过程中吸入的气体量也增多;③ 熔体的黏度随着颗粒尺寸的减小和体积分数升高而变大,这样就导致在采用氩气除气时气体溢出比较困难或缓慢。

本书由于采用了挤压铸造的凝固方式,所以在所制备的复合材料当中均未见到宏观的气孔,如图 2-7 和图 2-8 所示。SiCp/AZ91 复合材料中的气孔只以微观的形式存在。图 2-11 和图 2-12 显示了复合材料中观察到的两种微观气孔存在形式:颗粒团聚区域和颗粒界面附近区域。图 2-11 显示了 ST-3 工艺制备的复合材料中的气孔存在形式。由图可见,复合材料中的颗粒团聚比较严重,微观气孔往往和颗粒团聚相关。颗粒团聚是处于一种蓬松的状态,里面有大量的气孔,所以如果不粉碎颗粒团聚,在凝固过程中颗粒团聚内部的气体就会形成气孔。颗粒团聚区域的气孔以在颗粒团聚内部和在颗粒团聚的外部两种形式存在,如图 2-11 所示。当颗粒团聚较小或团聚较紧密时,在挤压铸造过程中,镁液很难进入颗粒团聚的内部,所以气孔在颗粒团聚内部形成,如图 2-11(a)所示;但是当颗粒团聚较大或者比较疏松时,挤压铸造过程中镁液在压力的作用下能够进入颗粒团聚内部,这样颗粒团聚就被部分肢解,气体就会从颗粒团聚内部溢出到颗粒团聚附近区域,导致气孔在颗粒团聚的外部区域形成,如图 2-11(b)所示。因此,要降低复合材料的空隙率,必须消除颗粒团聚。只有粉碎蓬松的颗粒团聚,在颗粒团聚里面的气体才能释放到熔体中,才有可能在氩气除气阶段被消除。

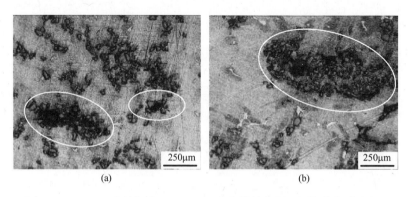

(a)   (b)

图 2-11　ST-3 工艺制备的 SiCp/AZ91 复合材料中与颗粒团聚相关的气孔
(a) 颗粒团聚内部气孔;(b) 颗粒团聚外部气孔。

在本书制备的各种复合材料当中,颗粒团聚现象已经被消除,所以和颗粒团聚相关的气孔很少见,如图 2-7 和图 2-8 所示。这时,气孔出现的主要位置是在晶界附近区域偏聚的颗粒界面附近,如图 2-12 所示。在凝固过程中,随着温度的快速下降,气体在基体合金熔体中的溶解度快速下降,气体就会在凝固前沿界面附近的镁液中析出。与此同时,SiCp 也被推移到凝固前沿界面的镁液中,这样颗粒和气体都在最后凝固的区域中。由于热导率的差异,SiCp 附近的镁液的局部温度较凝固前沿界面高,气体更倾向颗粒周围运动,而且气孔更倾向于在 SiCp 表面异质形核,导致气孔往往在颗粒表面形核。同时由于颗粒的存在,使得镁液的流动性下降,导致在最后凝固的区域中容易产生缩孔,致使基体和颗粒不能形成良好的结合。因此,在颗粒偏聚的区域内,气孔往往在颗粒的表面形成。

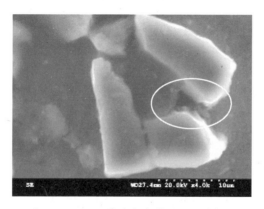

图 2-12　SiCp/基体合金界面附近的气孔

2.3.3　SiCp/AZ91 复合材料的界面

在搅拌铸造法制备金属基复合材料过程中,颗粒和基体合金熔体的接触时间比较长,所以必须考察增强体在熔体中的稳定性和界面反应。增强相和基体之间的界面的状况直接影响到基体和增强体之间是否能够有效地传递载荷,对复合材料的性能起到至关重要的作用。通常情况下,SiCp 和镁是不发生反应的,但是镁合金中的一些合金元素如 Al 能够和 SiCp 在高温下发生反应。所以必须考察 SiCp 和 AZ91 基体之间的界面反应。

SiCp 和基体中 Mg 和 Al 元素在高温时可能发生的化学反应如式(2-4)和式(2-5)所示:

$$2Mg(l) + SiC(s) \Rightarrow Mg_2Si(s) + C(s) \qquad \Delta G_{973K} = 4.8kJ \qquad (2-4)$$

$$4Al(l) + 3SiC(s) \Rightarrow Al_4C_3(s) + 3Si(s) \qquad \Delta G_{973K} = 18.6kJ \qquad (2-5)$$

在液态区间搅拌的温度是 700℃,计算这两个化学反应在这个温度的自由能变化 ΔG_{973} 分别为 4.8 和 18.6kJ。两者的 ΔG_{973} 都大于零,说明在该温度下这两个化学反应发生的可能性比较小。图 2-13 所示为 5μm10%SiCp/AZ91(T4) 复合材料的 XRD 图谱。图谱中只有 Mg 和 SiCp 的衍射峰,没有出现其他相的衍射峰,说明 SiCp 在镁液中的稳定性较好。这与热力学计算的结果一致。由表 2-3 可见,5μm10%复合材料中的 SiCp 与镁液的接触时间是最长的,而且 5μmSiCp 表面积最大,所以 5μm10%复合材料中的 SiCp 最有可能与基体熔体发生化学反应。XRD 结果显示 5μmSiCp 在基体合金溶液中稳定性较好。因此,在各种材料组成的 SiCp/AZ91 复合材料的搅拌铸造过程中,SiCp 在镁液中的稳定性都较好。

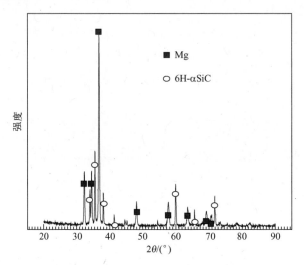

图 2-13　5μm10%SiCp/AZ91(T4)复合材料的 XRD 图谱

为了进一步确定 SiCp 和基体合金之间的界面结构,采用 TEM 观察 SiCp/AZ91 复合材料的界面。如图 2-14 所示,SiCp 和基体合金之间的界面很干净,没有发生界面反应的迹象。虽然在铝基复合材料中,在 Al 和 SiCp 很容易发生反应生成 Al_4C_3,但是在 SiCp/AZ91 镁基复合材料的界面上没有观察任何界面反应产物。因此,基体和 SiCp 之间没有发生化学反应,SiCp 在 AZ91 熔体中的稳定性较好。从增强体在基体熔体中的稳定性上来说,采用搅拌铸造法制备 SiCp/AZ91 镁基复合材料是合理可行的。如图 2-14 所示,基体 AZ91 合金中的第二相在 SiCp 和基体的界面上形成,通过 TEM 衍射斑点确定第二相为 $Mg_{17}Al_{12}$。Cai 等采用 TEM 发现搅拌铸造法制备的 SiCp/AZ80 镁基复合材料的界面也很干净,没有发生界面反应,而且也观察到 $Mg_{17}Al_{12}$ 在界面形成并和 SiCp 有一定的位相关系,这和我们研究的结果一致。由于界面上析出的第二相与基体和 SiCp 都能形成良好的结合,因此有利于提高界面结合强度。

虽然大部分界面比较干净,没有界面反应产物,但是在少数的界面附近有一些"黑色物质",这种黑色物质和界面有一段距离,如图 2-15(a)所示。这些"黑色物质"是由弥散分布的几十纳米的小颗粒组成,如图 2-15(b)所示。采用 TEM 微区能谱分析其所含的元素可知,这个区域内除了 Si、C、Mg 和 Al 元素分别来自于 SiCp 和基体合金,这个区域内还含有 O 元素,如图 2-15(c)所示。在这微区内的所有元素中,Mg 和 O 的亲和力最强且最有可能形成氧化物。通过 TEM 微区衍射斑点可以确定这些纳米颗粒为 MgO,如图 2-15(d)所示。本书的 SiCp 通过 HF 长时间清洗,所以在本书所采用的原材料中不可能含有 O 元素。而且,这些小颗粒距离界面有一定距离,分布也比较随机,所以不可能是界面反应产物。因此,这些 MgO 颗粒是在搅拌铸造过程中形成的。首先,本书采用半固态涡流搅拌,由于涡流瞬时暴露时间短,在涡流表面完全有可能形成纳米 MgO 颗粒。其次,SiCp 表面吸附的 O_2 也能导致 MgO 形成。这些纳米 MgO 颗粒在凝固时被推移到最后凝固的区域即颗粒附近,这样就在少数界面附近出现了上述的"黑色物质"。这些 MgO 颗粒没有阻碍基体和 SiCp 之间的结合,而且只有在少数界面才会出现,所以对复合材料的力学性能不会产生明显的影响,而且这种纳米颗粒可能对基体起到增强作用。

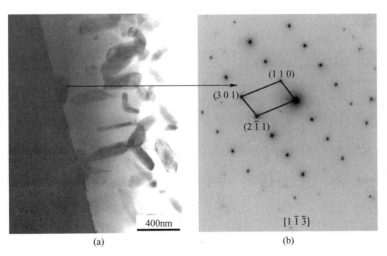

(a)   (b)

图 2-14 SiCp/AZ91 复合材料的典型界面形貌

(a)界面形貌;(b) $Mg_{17}Al_{12}$衍射斑点。

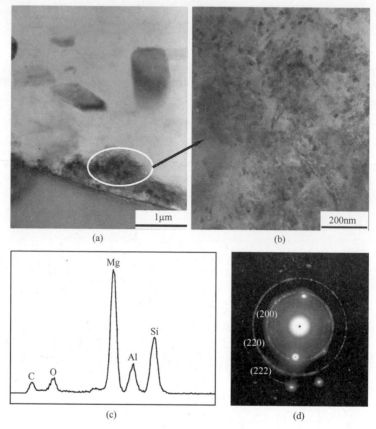

图 2-15　SiCp/AZ91 复合材料中一些界面附近的黑色物质

（a）黑色物质形貌；（b）图（a）放大形貌；（c）纳米颗粒能谱；（d）纳米颗粒的衍射环。

2.4　铸态 SiCp/AZ91 复合材料的力学性能及其断裂机制

本节主要研究铸态不同材料组成的 SiCp/AZ91 复合材料的力学性能,并以 10μm10%SiCp/AZ91 复合材料为例,采用动态 SEM 原位拉伸试验研究具有"项链状"颗粒分布的搅拌铸造镁基复合材料的断裂机制。

图 2-16 所示为体积分数对铸态 10μmSiCp/AZ91 复合材料的力学性能的影响。随着体积分数的增加,SiCp/AZ91 复合材料的屈服强度和弹性模量明显提高,当体积分数为 15% 时,复合材料的屈服强度几乎为合金的 2 倍,弹性模量提高了 50%。图 2-17 所示为颗粒尺寸对铸态 10%SiCp/AZ91 复合材料的力学性能的影响。随着颗粒尺寸的减小,SiCp/AZ91 复合材料的屈服强度显著升高,但

是弹性模量变化不明显。说明弹性模量和体积分数有关,受颗粒尺寸影响不大。

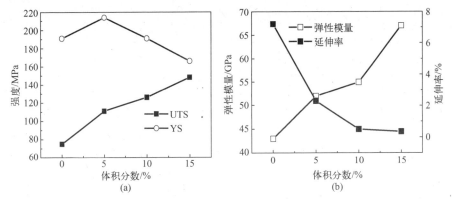

图 2-16 体积分数对 10μmSiCp/AZ91 复合材料的力学性能的影响

(a) 屈服强度(YS)和断裂强度(UTS);(b) 弹性模量和延伸率。

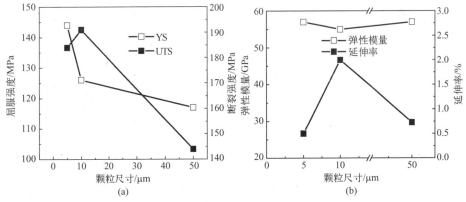

图 2-17 颗粒尺寸对 10% SiCp/AZ91 复合材料的力学性能的影响

(a) 屈服强度(YS)和断裂强度(UTS);(b) 弹性模量和延伸率。

颗粒对复合材料的强化机制主要有位错强化、晶粒细化强化和 Orowan 强化。由于 SiCp 和基体镁合金的刚度不同,在外加载荷的作用下,SiCp 和基体将由于形状不匹配而产生几何位错,在基体中产生错配应力。这种错配也可以由温度变化引起(如在凝固过程中的温度变化)。SiCp 和 AZ91 合金之间的热膨胀系数不同,导致在基体中产生热错配应变和应力,使得基体中的位错密度升高。如图 2-18 所示,在 10μm10%SiCp/AZ91 复合材料的界面附近的位错密度较高。所以复合材料比单一基体合金有更高的位错密度,甚至是合金的 10~100 倍。Arsenault 等预测了这种位错密度增加量 $\Delta\rho_{\text{dis}}$ 为

$$\Delta\rho_{\text{dis}} = \frac{\Delta\alpha\Delta TNA}{b} \qquad (2-6)$$

式中:$\Delta\alpha\Delta T$为热错配应变;N为颗粒数目;b为柏氏矢量;A为每一个粒子的总表面积。

图 2-18　SiCp/AZ91 复合材料中界面附近的基体位错

Miller 和 Humphrey 假设了颗粒的形状为立方体,获得相似的表达式:

$$\Delta\rho_{dis} = 12\frac{\Delta\alpha\Delta TV}{bd} \qquad (2-7)$$

式中:d为颗粒尺寸;V为颗粒的体积分数。

一般来说,位错密度越高,材料的屈服强度就越高。由式(2-6)和式(2-7)可见,SiCp 体积分数越高和颗粒尺寸越小,SiCp/AZ91 复合材料中的位错密度就越高,所以复合材料的屈服强度越高。

SiCp 的加入不仅会导致位错密度增加,而且还会细化基体的晶粒,如图 2-19 所示。可以用 Hall-Petch 关系描述屈服应力增量 $\Delta\sigma_y$ 和晶粒尺寸 D 之间的的关系,即

$$\Delta\sigma_y \approx \beta D^{-1/2} \approx \beta d^{-1/2}\left(\frac{1-V}{V}\right)^{1/6} \qquad (2-8)$$

式中:β为和一系列因素有关的因子,典型值约为 $0.1 \mathrm{MPa}\sqrt{m}$。

采用截线法获得铸态合金和复合材料的平均晶粒尺寸,图 2-20 显示了复合材料的平均晶粒尺寸随颗粒尺寸和体积分数的变化规律。可见,随着颗粒尺寸的减小和体积分数的升高,复合材料的晶粒大小显著下降,所以 SiCp/AZ91 复合材料的屈服强度显著提高。Orowan 强化机制是由靠得很近的颗粒对位错的运动阻碍而起到强化作用。但是,在铸态 SiCp/AZ91 复合材料中,颗粒主要

58

分布在晶界上,只有极少数分布在晶粒内部(图2-19),同时颗粒尺寸和颗粒间距都比较大,对位错的阻碍作用有限。因此,Orowan强化机制在搅拌铸造SiCp/AZ91复合材料中作用不显著。

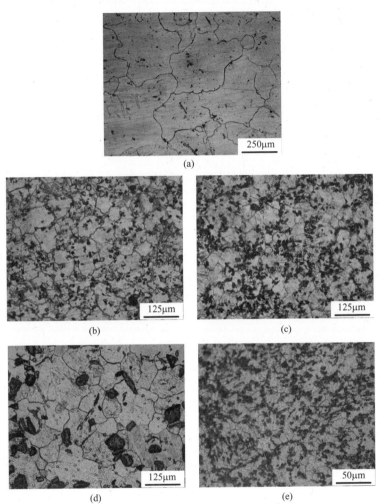

图2-19 铸态AZ91合金和SiCp/AZ91(T4)复合材料的光学显微组织
(a) AZ91;(b) 10μm5%;(c) 10μm10%;(d) 50μm10%;(e) 5μm10%。

如图2-16和图2-17所示,SiCp/AZ91复合材料的断裂强度随着体积分数的增加和颗粒尺寸的减小而下降,甚至低于单一合金的强度。这种现象是搅拌铸造镁基复合材料的一种普遍现象,必须通过二次变形才能提高复合材料的力学性能。这种现象主要是由于"项链状"颗粒分布和气孔所致。如表2-4所列,随着体积分数的升高和颗粒尺寸的减小,复合材料的空隙率升高,这就会导致体积分数较高的复合材料的断裂强度下降。同时,"项链状"颗粒分布容易引起应力集中而导致复合材料的断裂强度降低。如图 2-17 所示,通过对比可知延伸率在 10μmSiCp/AZ91 的复合材料中出现一个峰值。5μm10%SiCp/AZ91 复合材料的延伸率较小是由于相对较高的空隙率所致。而 50μm10%SiCp/AZ91 复合材料的延伸率较小是由于颗粒较大,基体和颗粒之间的界面容易产生缺陷,导致基体和复合材料之间不能有效地传递载荷,从而导致复合材料过早地发生断裂。如图 2-21 所示,50μm10%复合材料断口基本上没有韧窝,而且整个视野中基本上是 SiCp,只有极少部分合金,从高倍的图片可以看出 SiCp 表面有合金残留,说明 50μm10% SiCp/AZ91 复合材料的断裂是由于界面的失效导致,导致 50μm10%复合材料的延伸率较低。

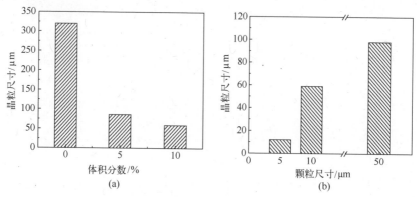

图 2-20 体积分数和颗粒尺寸对 SiCp/AZ91 复合材料晶粒尺寸的影响
(a)体积分数;(b)颗粒尺寸。

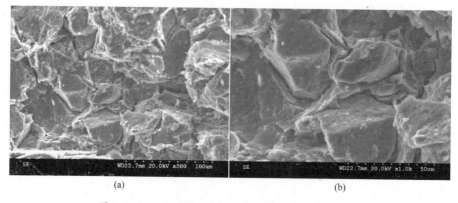

图 2-21 50μm10%SiCp/AZ91 复合材料的拉伸断口
(a)低倍;(b)高倍。

2.5　铸态 SiCp/AZ91 复合材料的断裂机制

2.4 节研究表明搅拌铸造 SiCp/AZ91 复合材料的断裂强度不高,这是搅拌铸造金属基复合材料的典型特征。为此必须对搅拌铸造金属基复合材料的断裂机制进行研究,揭示这种典型特征的真正原因和机制,以便为进一步改善这种复合材料的力学性能奠定基础。以前的研究人员主要采用观察拉伸断口的传统方法研究搅拌铸造金属基复合材料的断裂行为。这种方法是一种事后的方法,会丢失很多有价值的现象,例如裂纹的萌生和生长过程,甚至可能观察到断裂过程中的假象。本书将采用动态 SEM 原位拉伸试验研究铸态 SiCp/AZ91 复合材料的断裂机制。动态 SEM 原位拉伸试验最大的优点就是实时性,即可以实时地观察裂纹的萌生、扩展和生长过程,直接观察复合材料的显微组织对断裂行为的影响,这样就能清楚地观察到颗粒及其"项链状"颗粒分布对断裂过程的影响机制。本节以 $10\mu m10\%SiCp/AZ91$ 复合材料为例,结合动态 SEM 原位拉伸试验和采用拉伸断口的传统方法研究搅拌铸造颗粒增强镁基复合材料的断裂机制。

2.5.1　断裂过程

图 2-22 是原位拉伸试样的宏观照片,试样上的凹槽是为了在试验过程中便于观察裂纹的萌生和扩展而设置。图 2-23 是原位拉伸试样加载前凹槽附近的 SEM 照片,可见颗粒分布呈"项链状",这是搅拌铸造金属基复合材料的典型特征。在动态 SEM 原位拉伸过程中,复合材料的断裂过程可分为如下阶段:

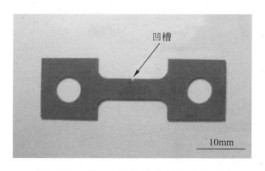

图 2-22　SEM 原位拉伸试样的宏观照片

1. 裂纹的萌生

当 SiCp/AZ91 复合材料受力时,主裂纹在试样凹槽前沿形成,在主裂纹的前沿形成一个微裂纹区域,如图 2-24(a)和(c)所示。很多颗粒在界面处与基体脱离,导致很多裂纹就在界面上形成。如图 2-24(c)所示,微裂纹"AB""C""DE""FG"和"I"都是由于界面脱粘形成,而且只有微裂纹"N"在颗粒偏聚内的基体中形成。而且所有的微裂纹都位于颗粒偏聚区内。这些都说明微裂纹的形核机制是以 SiCp 和基体之间的界面脱粘为主,而且复合材料的微裂纹的萌生和颗粒偏聚有重要关系。

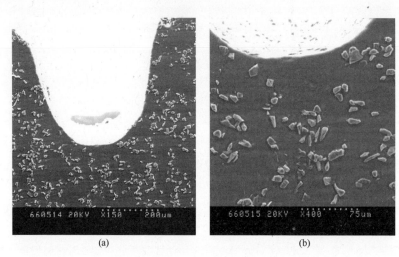

(a)   (b)

图 2-23　SEM 原位拉伸试样加载前凹槽附近的 SEM 照片(应变为 0)

(a) 低倍;(b) 高倍。

2. 裂纹扩展及新裂纹萌生

进一步加载,微裂纹将发生长大并连接在一起,同时新的微裂纹将形成。图 2-24(c)中的微裂纹"AB""C""DE""FG"和"I"进一步加载后长大变成图 2-24(d)中的"ab""c""de""fg"和"i"。微裂纹"FG"沿着颗粒表面扩展长大,微裂纹"DE"和"FG"由于连接它们的基体"EF"断裂而连接在一起,形成一个长裂纹"defg"。剪切带"bd"在连接两个颗粒聚集区域"abc"和"defg"之间的基体中形成,如图 2-24(d)所示。但是在基体中的微裂纹"N"始终没有长大。这就说明在颗粒偏聚区内的微裂纹之间的基体容易断裂,基体的断裂是由于界面脱粘形成的微裂纹扩展所致。如图 2-25(a)和(c)所示,在微裂纹长大和连接的同时,新的微裂纹"h""s""t"和"q"在长裂纹"defg"前沿的颗粒偏聚区内形成。其中微裂纹"h""t"和"q"仍是以界面脱粘形成,只有微裂纹"s"在基体中形成。这就再次证明界面脱粘是微裂纹的主要形核机制,复合材料的断裂和颗粒偏聚有重要联系。

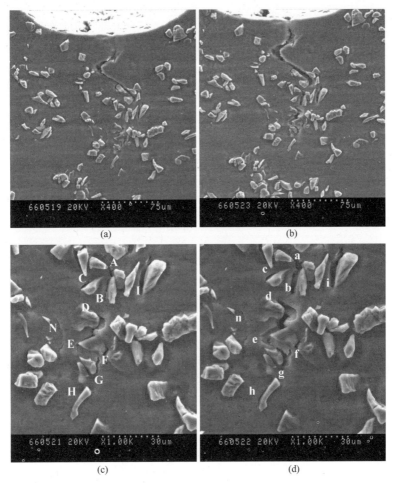

图 2-24 原位 SEM 拉伸试样第一次和第二次加载后裂纹萌生和扩展的 SEM 照片

（a）小应变时凹槽前微裂纹；（b）大应变时凹槽前微裂纹；（c）图（a）高倍照片；（d）图（b）高倍照片。

3. 断裂

继续加载，主裂纹迅速扩展，已经产生微裂纹的颗粒聚集区连接起来最终导致了复合材料断裂，如图 2-25（b）和图 2-26 所示。"grs"区域的断裂不是由于微裂纹"h"的扩展，而是由于连接两个颗粒聚集区域"defg"和"stq"的基体的断裂，再次证明在微裂纹区域内由于净承载能力的下降，连接两个裂纹之间的基体容易断裂。因此，一旦微裂纹以界面脱粘形成，微裂纹就很容易在它们之间的基体中扩展。所以搅拌铸造的 SiCp/AZ91 复合材料断裂过程是由界面控制的。结合图 2-24~图 2-26 可见，颗粒偏聚区"abc"、"defg"和"stq"由于裂纹扩展而连接在一起形成宏观裂纹,最终导致了试样的断裂,这说明裂纹扩展倾向于经过颗粒偏聚区。这是因为在颗粒偏聚区内的应力集中较严重,所以微裂纹容易在颗粒偏聚区内形核和扩展,而这些已经产生微裂纹的颗粒偏聚区内之间的基体由于承载能力的下降很容易被撕裂,最终导致这些颗粒偏聚区连接在一起。

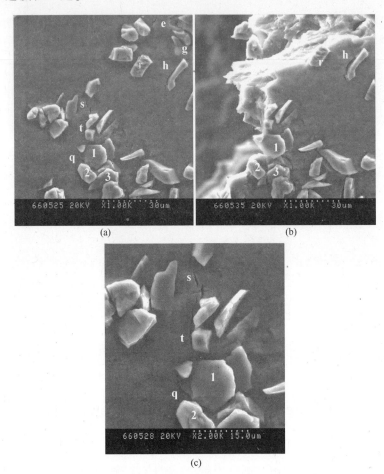

图 2-25　原位拉伸试样第三次加载后裂纹萌生和扩展的 SEM 照片

(a) 长"defg"尖端形成的新微裂纹;(b) 断裂后图(a)对应的断口照片;(c) 图(a)局部放大图。

　　总结上面的断裂过程,搅拌铸造 SiCp/AZ91 复合材料的断裂过程可以简短概括为:加载后,微裂纹以界面脱粘在颗粒偏聚集区内形成;进一步加载,微裂纹长大并连接在一起形成一个长裂纹,与此同时新裂纹又在长裂纹的前沿的颗粒偏聚区内再次以界面脱粘形成;进一步加载,上述过程周而复始,最终这些产生微裂纹的颗粒偏聚区串联在一起形成宏观裂纹导致了试样的断裂。

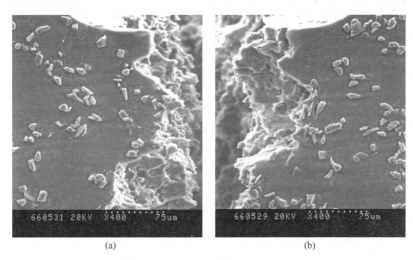

图 2-26　断裂后的原位拉伸试样凹槽前沿的形貌
(a) 左半部;(b) 右半部。

2.5.2　断裂机制分析

复合材料的断裂过程可以分为 3 个过程,即裂纹的形核、生长和连接。在本书的动态 SEM 原位拉伸试验中也观察到了这 3 个过程。目前,对复合材料的微裂纹的形核机制还存在争论,提出了 3 种形核机制,即界面脱粘、颗粒断裂和基体内形核。Mummery 等认为微裂纹形核发生在颗粒上(界面脱粘或者颗粒断裂)而不是在基体内,但是 You 等却认为裂纹形核发生在基体内,界面脱粘和颗粒断裂是由基体的断裂引起的。本书动态 SEM 原位拉伸实验研究结果表明:微粒纹主要形核机制为界面脱粘,虽然也有少数的裂纹在基体中形成,但是它们在进一步加载时不发生扩展,这种裂纹对复合材料的断裂没有起到重要影响。因此,You 等的形核机制不适合搅拌铸造镁基复合材料,具有"项链状"颗粒分布的金属基复合材料中微裂纹主要形核机制是界面脱粘。尽管如此,颗粒断裂现象还是发生在本书试验中,如图 2-25(a)和(b)中的颗粒"3"。为了进一步揭示 SiCp/AZ91 复合材料的断裂机制,有必要讨论本书试验结果出现界面脱粘和颗粒断裂的原因。

1. 界面脱粘

在 SiCp/AZ91 复合材料中,SiCp 偏聚在晶界附近的区域,呈"项链状"颗粒分布,这对搅拌铸造法制备的复合材料而言是很难避免的,如图 2-9 所示。这种颗粒偏聚就会阻碍基体合金熔体在颗粒偏聚区内的流动,阻碍基体和颗粒之间形成良好的结合,导致微孔在界面上形成,如图 2-12 所示。Inem 等利用 TEM 在搅拌铸造 SiCp/Mg-6%Zn 镁基复合材料的界面上发现有微孔存在。由于晶界在合金凝固过程中是最后凝固的部分,所以一些杂质也容易在颗粒偏聚区和界面附近富集。所以,搅拌铸造法制备的复合材料的界面是一种由"项链状"颗粒分布所致的有缺陷的弱界面,不能承受足够大的载荷而使得颗粒断裂或者基体断裂。因此,界面脱粘是 SiCp/AZ91 复合材料的微裂纹的主要形核机制,复合材料的断裂过程受界面控制,而且在受力的情况下,在颗粒偏聚区内应力集中比较严重,导致在颗粒偏聚区内所形成的微裂纹容易萌生和扩展。Segurado 等模拟结果表明颗粒分布不均匀的复合材料总是以界面脱粘形核机制,而且颗粒偏聚加速了由界面脱粘而导致的裂纹形核和随后的扩展,同时还表明弱界面的复合材料更容易以界面脱粘形成裂纹。这与本书动态 SEM 原位拉伸试验的研究结果一致。Sohn 等同样采用 SEM 原位拉伸试验研究了纤维增强 AZ91 镁基复合材料的断裂行为,发现微裂纹也主要在界面上形成。但是 Zheng 等采用 TEM 原位拉伸试验研究挤压铸造法制备的 SiCw/AZ91 复合材料时发现微裂纹在晶须附近的基体中形成,断裂过程是受基体控制的。这可能是由于挤压铸造法所制备复合材料中增强体分布均匀且晶须和基体之间的界面结合良好所致。综上所述,SiCp"项链状"分布及其所致有缺陷的弱界面导致了复合材料在颗粒偏聚区内的界面上优先发生开裂,是搅拌铸造法制备复合材料断裂强度不高的主要原因。因此,必须通过热变形等手段改善这种颗粒分布和界面结合。

2. 颗粒断裂

虽然界面脱粘是铸态 SiCp/AZ91 复合材料微裂纹的主要形核机制,但是颗粒断裂也确确实实地发生了,如图 2-25(a)和(b)中的颗粒"3"。既然在断裂过程中颗粒断裂能够发生,那么为什么是界面脱粘而不是颗粒断裂是微裂纹的主要形核机制呢? 下面将就这个问题展开讨论。

颗粒在拉伸过程中要发生断裂,所受的力必须大于 SiCp 的抗拉强度。通过复合材料的剪切滞后模型可以计算 SiCp 在拉伸过程中所受的力。按照剪切滞后模型,假设复合材料中颗粒均匀分布,颗粒所受的力取决于颗粒的长径比 S_c,颗粒所受的最大的力可表示为

$$S_c = \frac{\sigma_{SiC}}{\tau_i} \tag{2-9}$$

式中:σ_{SiC} 为 SiCp 的强度,大于 2000MPa;τ_i 为界面剪切强度。

假设 $\tau_i = \sigma_m/2$，σ_m 为基体中所受的最大应力（图 2-20），10μm10%SiCp/AZ91 复合材料的抗拉强度为 200MPa，所以基体内的最大应力远远小于 400MPa。将这些数据代入式（2-9）可以得出 SiCp 发生断裂时长径比必须大于 10。Lloyd 同样采用上述方法在挤压态的 SiCp/6061 铝基复合材料中得到 SiCp 发生断裂长径比必须大于 10 的结论。而本书采用的 SiCp 平均长径比不到 3。所以，在拉伸过程中，SiCp 所受的力达不到 SiCp 的断裂强度，这是铸态 SiCp/AZ91 复合材料以界面脱粘为主要形核机制的另一个原因。上述模型假设颗粒分布均匀，但搅拌铸造 SiCp/AZ91 复合材料中颗粒偏聚在晶界上。Segurado 等模拟结果表明即使少量的颗粒团聚也会明显增加颗粒的断裂的概率。但是在本书试验中，只有颗粒"3"发生了断裂，这是由于搅拌铸造复合材料的界面是有缺陷的弱界面，不能够传递足够大的载荷而引起颗粒断裂。

尽管如此，颗粒断裂还是发生了。如图 2-25（a）所示，断裂的颗粒位于颗粒偏聚区内，可能是由于太大的应力集中而导致颗粒断裂。并且，SiCp 颗粒本身也有缺陷、晶界和尖角部位，这些都会降低 SiCp 的强度，使得 SiCp 在受力较小时也有可能发生断裂。因此，本书的颗粒断裂也可能是受缺陷控制的。值得注意的是，颗粒"3"没有在微裂纹"s""t"和"q"形成的同时发生断裂，这就说明了颗粒断裂不是裂纹的形核机制，而是其他作用的结果。这与上面的计算结果是一致的。如图 2-25（a）和（b）所示，颗粒"1""2"和"3"之间的相对位置在进一步加载后发生了改变，它们之间发生了相对移动。颗粒"1"和"2"之间的位移远远大于颗粒"1"和"3"。特别值得注意的是微裂纹"q"是由于颗粒"1"界面脱粘而形成。正是由于裂纹"q"的扩展才导致了颗粒"1"和"2"之间有较大的位移，所以，颗粒"3"只有发生断裂以此来协调颗粒"1"和"2"之间的运动。所以，颗粒"3"的断裂最可能是由于裂纹的扩展过程中颗粒之间的相互作用所致。总之，颗粒"3"的断裂只是一种偶然事件，界面脱粘才是铸态 SiCp/AZ91 复合材料最主要的微裂纹形核机制。

3. 动态 SEM 原位拉伸试验有效性分析

动态 SEM 原位拉伸试验主要研究的是试样自由表面的裂纹萌生和扩展行为，有时不能够代表试样内部的断裂机制。所以必须与常规拉伸断口进行对比，以此来验证原位拉伸试验结果的有效性，揭示材料真实的断裂机制。图 2-27 所示为 10μm10%SiCp/AZ91 复合材料的常规拉伸试样的断口和断裂试样侧面的 SEM 形貌照片，其中断裂试样侧面的不是拉伸试样的自由表面，而是距自由表面有 0.5mm 左右深处。从图 2-27（a）可见，有很多颗粒暴露在断口表面，颗粒和颗粒脱落后留下的凹坑占据了拉伸断口的绝大部分空间，这与 10%体积分数不相对称，这就说明断裂过程与颗粒密切相关。同时也说明微裂纹不可能是在基体中形核,否则断口上的颗粒数量会比较少且合金的韧窝会比较明显。这些暴露在断口之上的 SiCp 表面上有合金的残留物,有些颗粒与周围的基体之间有很大的裂缝,这些都说明颗粒是由于界面脱粘而不是颗粒断裂而暴露在拉伸断口上的,因此微裂纹的主要形核方式是界面脱粘。这和动态 SEM 原位拉伸试验结果一致。从拉伸试样侧面图 2-27(b) 可见,在断口附近的颗粒已经和基体脱离开来,这也证明颗粒脱粘是主要的微裂纹形核机制。以上这些都证明动态 SEM 原位拉伸试验观察到的界面脱粘是微裂纹主要形核机制是确实可信的,真实地反映了材料内部的裂纹形核机制。

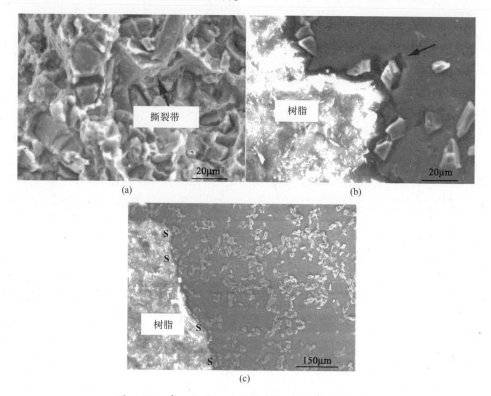

图 2-27　常规拉伸试验断裂试样的 SEM 形貌照片

(a) 断口照片;(b) 断口附近的界面脱粘(箭头标记);(c) 断口附近团聚的颗粒(字母"s"标记)。

由图 2-27(c) 可见,复合材料的断裂轨迹与颗粒偏聚区联系在一起,这也与动态原位拉伸试验所观察的"复合材料的断裂路径倾向于通过颗粒偏聚区"一致。如图 2-27(a) 所示,断口上有明显合金的撕裂带,这与图 2-24(c) 和(d) 中的裂纹间基体"EF"和剪切带"bd"相对应,这说明裂纹之间的基体是比较容易断裂,这与动态 SEM 原位拉伸试验观察的结果相符。这些都说明动态 SEM 原位拉伸试验观察到的裂纹扩展过程的真实性。总之,动态 SEM 原位拉伸试验结果真实地反映了铸态 SiCp/AZ91 复合材料的断裂机制和断裂过程。

参 考 文 献

[1] Luo A. Development of Matrix Grain Structure during the Solidification of a Mg(AZ91)/SiCp Composite. Script. Metall. Mater,1994,31(3):1253-1258.

[2] Laurent V,Jarry P,Regazzoni G,et al. Processing-Microstructure Relationships in Compocast Magnesium/ SiC. J. Mater. Sci,1992,27:4447-4459.

[3] Hashim J,Looney L,Hashmi M S J. Metal Matrix Composites. Production by the Stir Casting Method. J. Mater. Proc. Techol,1999,92-93:1-7.

[4] Ray S. Casting of Metal Matrix composites. Key. Eng. Mat. ,1995,104-107:417-446.

[5] 江海涛,李淼泉. 半固态金属材料的制备技术及应用. 重型机械,2002(2):1-5.

[6] Zhou W,Xu Z M. Casting of SiC Reinforced Metal Matrix Composites. J. Mater. Proc. Techol. ,1997,63: 358-363.

[7] Lloyd D J. Particl ereinforced aluminum and magnesium matrix composites. Int. Mater. Rev. ,1994,39(1): 1-23.

[8] Hashim J,Looney L,Hashmi M S J. Particle distribution in cast metal matrix composites - Part Ⅰ. J. Mater. Proc. Techol. ,2002,123:251-257.

[9] 李昊,桂满昌,周彼德. 搅拌铸造金属基复合材料的热力学和动力学机制. 中国空间科学技术, 1997(1):9-16.

[10] Rozak G A,Ph. D thesis. Effects of processing on the properties of aluminum and magnesium matrix composites. Case Western Reserve University,1993.

[11] Bhanu Prasad V V,Bhat B V R,Mahajan Y R,et al. Effect of extrusion parameters on structure and properties of 2124 aluminum alloy matrix composites. Mater. Manuf. Process,2001,16(6):841-853.

[12] Luo A. Processing,microstructure,and mechanical behavior of cast magnesium metal matrix composites. Metall. Mater. Trans. A. ,1995,26:2445-2455.

[13] Rohatgi P K,Yarandi F M,Liu Y,et al. Segregation of silicon carbide by settling and particle pushing in Cast aluminum-silicon-carbide particle composites. Mater. Sci. Eng. A. ,1991,147:L1-L6.

[14] Asthana R,Tewari S N. The engulfment of foreign particles by a freezing interface. J. Mater. Sci. ,1993 (28):5414-5424.

[15] 刘立新. 金属-陶瓷粒子型铸造复合材料. 宇航材料工艺,1988(1):11-18.

[16] Samuel A M,Gotmare A,Samuel F H. Effect of Solidification Rate And Metal Feedability on Porosity And SiC/Al₂O₃ Particle Distribution in An Al-Si-Mg(359) Alloy. Compos. Sci. Technol. ,1995(53):301- 315.

[17] Tekmen C,Ozdemir I,Cocen U,et al. The mechanical response of Al-Si-Mg/SiCp composite:influence of porosity. Mater Sci. Eng. A. ,2003,360:365-371.

[18] Ahmad S N,Hashim J,Ghazali M I. The Effects of Porosity on Mechanical Properties of Cast Discontinuous Reinforced Metal-Matrix Composite. J. Comp. Mater,2005,39:451-466.

[19] Ahmad S N,Hashim J,Ghazali M I. The Effects of Porosity on Mechanical Properties of Cast Discontinuous Reinforced Metal-Matrix Composite. J. Comp. Mater,2005,39:451-466.

[20] 克莱茵 T W,威瑟斯 P J. 金属基复合材料导论. 余永宁,房志刚,译. 北京:北京冶金工业出版社. 1996.

[21] Cai Y,Tan M J,Shen G J,et al. Microstructure and heterogenous nucleation phenomena in cast SiC particles reinforced magnesium composite. Mater. Sci. Eng. A.,2000,282:232-239.

[22] Cai Y,Shen G J,Su H Q. The Interface Characteristics of As-cast SiCp/Mg(AZ80)Composite. Scripta. Mater,1997,37:737-742.

[23] Pettersen G,Ovrelid E,Tranell G,et al. Characterisation of the surface films formed on molten magnesium in different protective atmospheres. Mater Sci. Eng. A.,2002,332:285-294.

[24] Miller W S,Humphrey F J. Strengthening Mechanisms in Particulate Metal matrix composites. Script. Met. Metall.,1991,25:33-38.

[25] Miller W S,Humphrey F J. Strengthening Mechanisms in Particulate Metal matrix composites-Rely to Comments by Arsenault. Script. Met. Metall.,1991,25:2623-2626.

[26] Vogelsang M,Arsenault R J,Fisher R M. An in situ HREM Study of Dislocation Generation at Al/SiC Interfaces in Metal Matrix Composites. Metall. Trans. A.,1986,17:379-389.

[27] Arsenault R J,Shi N. Dislocation Generation Due to Differences between the Coefficients of Thermal Expansion. Mater. Sci. Eng.,1986,81:176-187.

[28] Wilks T E. The development of a cost-effective particulate reinforced magnesium composites. International Congress & Exposition. Detroit. Michigan. February 24-28. 1992. SAE paper No. 920457.

[29] Mummery P M,Derby B. In-situs canning electron microscope studies of fracture in particulate-reinforced metal-matrix composites. J. Mater. Sci.,1994,29:5615-5624.

[30] Wang X J,Wu K,Huang W X,et al. Study on fracture behavior of particulate reinforced magnesium matrix composite using in situ SEM. Composites Science and Technology,2007,67:2253-2260.

[31] Manoharan M,Lewandowski J J. In-situ deformation studies of an metal-matrix composite in a scanning electron microscope. Scripta. Metall.,1989,23:1801-1804.

[32] You C P,Thompson A W,Bernstein I M. Proposed failure mechanism in a discontinuously reinforced aluminum alloy. Scripta. Metall.,1987,21:181-815.

[33] Sohn K,Euh K,Lee S,et al. Mechanical property and fracture behavior of squeeze cast Mg matrix composites. Mater. Trans. A.,1998,29:2543-2553.

[34] Zheng M Y,Zhang W C,Wu K,et al. The deformation and fracture behavior of SiCw/AZ91 magnesium matrix composite during in-situ TEM straining. J. Mater. Sci. 2003,38:2647-2654.

[35] Vreeling J A,Ocelik V,Hamstra G A,et al. In-situ microscopy investigation of failure mechanisms in Al/SiCp metal matrix composite produced by laser embedding. Scripta. Mater,2000,42:589-595.

[36] Handianfard M J,Healy J,Mai Y M. Fracture characteristics of a particulate-reinforced metal matrix composite. J. Mate. Sci.,1994;29:2321-2327.

[37] Agrawal P,Sun C T. Fracture in metal-ceramic composites. Comp. Sci. Technol.,2004,64:1167-1178.

[38] Srivatsan T S. Microstructure,tensile properties and fracture behaviour of Al_2O_3 particulate-reinforced aluminium alloy metal matrix composites. J. Mater. Sci.,1996,33:1375-1388.

[39] Inem B,Pollard G. Interface structure and fractography of a magnesium-alloy,metal-matrix composite reinforced with SiC particles. J. Mate. Sci.,1993,28:4427-4434.

[40] Zhong W M,Goiffon E,Lesperance G,et al. Effect of thermomechanical processing on the microstructure

and mechanical properties of Al - Mg (5083)/SiCp and Al - Mg (5083)/Al$_2$O$_3$p composites. Part 3: Fracture mechanisms of the composites. Mater. Sci. Eng. A. ,1996,214:104-114.

[41] Segurado J,LLorca J. Computational micromechanics of composites:The effect of particle spatial distribution. Mech. Mater,2006,38:873-883.

[42] Segurado J,LLorca J. Acomputational micromechanics study of the effect of interface decohesion on the mechanical behavior of composites. Acta. Mater,2005,53:4931-4942.

[43] Lloyd D J. Aspects of Facture in Particulate Reinforced Metal Matrix Composites, Acta Metall. Mater, 1991,39:59-71.

[44] Geng L,Ochiai S,Hu J Q,et al. The effect of whisker misalignment on the hot compressive deformation behavior of SiCw/6061 Al composites at 500℃. Mater Sci. Eng. A. ,1998,246:302-305.

第3章 挤压铸造 SiCp/AZ91 复合材料的制备、组织与性能

3.1 引 言

在各种金属基复合材料的制备方法中,挤压铸造法最早用于制造商业复合材料产品。早在 20 世纪 80 年代初期,日本丰田公司就采用挤压铸造法制备出选择(部分)增强柴油发动机的活塞环槽。由于复合材料的硬度很高,难以加工,而挤压铸造法能够生产出近净成型产品,从而减少或完全不需后续的机加工,因此用这种方法制备复合材料具有广泛的应用前景。

由于镁合金具有优良的铸造性能,镁合金铸件广泛应用于汽车和航空工业,但是较低的强度和高热膨胀系数限制了镁合金的应用。通过在基体镁合金中加入增强体 SiC 颗粒不仅可以提高材料的强度,还可以降低材料的热膨胀系数。

本章论述 SiCp/AZ91 镁基复合材料的挤压铸造制备工艺、显微组织、界面结构和性能。

3.2 SiCp/AZ91 复合材料挤压铸造制备工艺

3.2.1 SiCp 预制块的制备

1. 胶黏剂的配制

胶黏剂广泛应用于陶瓷制备工业,一般分为陶瓷胶黏剂和聚合物胶黏剂。聚合物胶黏剂在室温下应用很广泛,但不能承受 200℃ 以上的高温。常用的陶瓷胶黏剂包括含氧硫酸盐、氯氧化物、硅酸钠(水玻璃)等,这些胶黏剂具有较高的室温强度,但从 200~300℃ 开始分解,500~800℃ 时强度已很低。这些胶黏剂均不适于在挤压铸造复合材料的预制块中用作胶黏剂,因为在基体合金溶液浸渗之前,预制块需加热到 500℃ 以上的温度。从胶黏剂的高温强度方面考虑,通常用来制备耐火材料的耐高温胶黏剂比较适于复合材料预制块的制备。

本书采用的胶黏剂为酸性磷酸铝胶黏剂。磷酸本身就是一种粘结材料,加

入铝、镁、铁等显著提高磷酸的粘结能力,因此,磷酸铝在陶瓷工业中广泛用作胶黏剂。本书所用的磷酸铝胶黏剂,其中 P/Al 原子比为 23,由于其中含有多于形成磷酸铝所需的磷酸量,故称为酸性磷酸铝(Al(PO$_3$)$_3$)。

酸性磷酸铝胶黏剂的具体配制方法如下:

酸性磷酸铝溶液由 1 份 Al(OH)$_3$ 加一定份数的磷酸(H$_3$PO$_4$,85%纯工业用)配制而成,使 P/Al 原子比为 23。将两者混合后,将悬浮液加热到 150℃,同时搅拌,在 150℃保温,直到固体全部溶化。磷酸铝胶黏剂由 1 份磷酸铝溶液加 15 份水配制而成。

酸性磷酸铝在 200℃加热时,呈浆状非晶态。500℃加热后,发生晶化,形成 B 型亚磷酸铝(Al(PO$_3$)$_3$),800℃加热后,形成 A 型亚磷酸铝(Al(PO$_3$)$_3$),同时释放 P$_2$O$_5$或 H$_3$PO$_4$。1100℃加热后又重新变成非晶态亚磷酸盐。

2. 预制块的制备

采用湿法成型制备 SiC 颗粒预制块,它可分为颗粒的浸泡和分散、添加胶黏剂、过滤、模压成形、烘干处理、高温烧结等阶段,其具体工艺流程如图 3-1 所示。

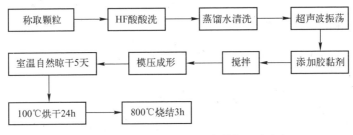

图 3-1 碳化硅颗粒预制块的制备工艺流程

为消除颗粒表面的杂质和附着物,首先将颗粒在 HF 酸中进行酸洗,并在超声波中振荡。然后将颗粒在蒸馏水中进行清洗,使悬浊液的 pH 值接近中性,此时加入一定量的酸性磷酸铝溶液,溶液的量由悬浊液中水的量决定,以使磷酸铝溶液与水的比为 1:15。

颗粒加入胶黏剂后充分搅拌,然后将加入胶黏剂搅拌后的颗粒倒入预制块压制模具中,水分通过压制模具底部的过滤垫圈过滤掉,以便压制成形。为了保证预制块中颗粒分布均匀、不分层,要求将颗粒一次性地倒入预制块压制模具中。由于胶黏剂的存在,过滤速度较慢,可轻微振荡模具,以提高过滤速度,同时排出气泡。

所得的 SiC 颗粒预制块的体积分数由所加压力、压下量和保压时间所决定。本书所制备的预制块为圆柱形,直径为 ϕ60,体积分数为 50%。

预制块压制成形后,为防止预制块开裂,不能直接进行烘干,先在室温下自然干燥5天,使其表面较为干燥,具有一定强度,然后在烘干箱中烘干。预制块的烘干处理温度应低于溶胶的沸腾温度,原因是溶胶的剧烈汽化可能导致预制块的破裂。本试验采用的是两段烘干加热法,预制块先在较低的温度50℃下保温一段时间,然后再升温至100℃。为防止烘干过程中预制块各处由于受热不均匀而产生裂纹,本书采用如图3-2所示的热处理工艺。

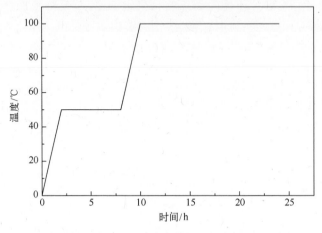

图 3-2 预制块的烘干工艺

烘干后的预制块需在800℃烧结3h,得到具有一定强度的碳化硅颗粒预制块。由于SiC颗粒传热比较慢,为防止烧结过程中由于受热不均而导致预制块开裂,应把升温速度定在3℃/min,当温度达到800℃时再保温3h后随炉冷却。图3-3为制备好的SiC颗粒预制块的宏观形貌。可以看出,预制块外观良好,无分层,无表面裂纹,并具有一定的强度。

图 3-3 SiC 颗粒预制块的形貌

3.2.2 SiCp/AZ91 复合材料的挤压铸造工艺

1. 基体合金量的计算

根据模具及预制块尺寸计算所需镁合金的量,最少需要镁合金的质量为

$$M = V \times (1-P) \times \rho_m \tag{3-1}$$

式中:M 为镁合金质量;V 为预制块体积;P 为增强体体积分数;ρ_m 为镁合金密度。

在挤压铸造镁基复合材料过程中,考虑到镁合金在熔化和浇注过程中的损失,一般都要多浇入和预制块高度相当的一部分多余镁合金液。

2. 复合材料的挤压铸造工艺过程

图 3-4 为挤压铸造 SiCp/AZ91 镁基复合材料的工艺示意图。模具和预制块的预热温度为 520℃,镁合金的熔化浇铸温度为 800℃,挤压铸造压力为 100MPa,保压时间为 4min。为防止镁合金的烧损和燃烧,在熔化和浇铸过程中采用熔炼镁合金的商业覆盖剂($MgCl_2$+CaF_2 等),用于镁合金的熔化和浇铸。采用以上的复合材料挤压铸造工艺参数,成功地制备了不含宏观缺陷的 SiCp/AZ91 镁基复合材料。

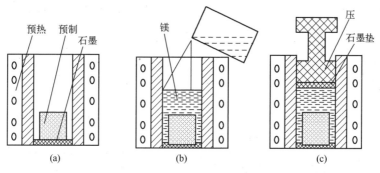

图 3-4 挤压铸造 SiCp/AZ91 镁基复合材料的工艺示意图
(a) 加热;(b) 浇注;(c) 压铸。

值得注意的是,在挤压铸造复合材料中,通常遇到的问题是复合材料中存在基体合金带,即挤压铸造时预制块开裂。与挤压铸造铝基复合材料相比,挤压铸造镁基复合材料中这种现象更容易出现。含有微裂纹的复合材料的性能将大大降低,因为这些含有裂纹的区域(未增强区)导致复合材料的结合变差,当复合材料受载时,容易在这些弱化区过早失效。

通常认为挤压铸造所采用的高压力是导致复合材料中预制块开裂的最重要的原因。郑明毅的研究结果表明,在相同的挤压铸造压力下,提高预制块和模具

的预热温度,预制块的开裂是完全可以避免的。这表明镁基复合材料中碳化硅晶须预制块的开裂的原因并不主要来自于高的挤压铸造压力,它与镁合金的低热容有关。由于镁合金的热容低(0.431cal[①]/(cm³·℃)),与铝合金(0.583cal/(cm³·℃))相比,在挤压浸渗过程中,镁合金的凝固速度更快,而且不均匀。由于凝固前沿不均匀,预制块中容易产生大的应力,所以在挤压铸造过程中预制块容易开裂。在预制块具有一定的压缩强度的基础上,只要适当控制挤压铸造时的温度参数,如镁合金浇铸温度、预制块和模具预热温度等,特别是预制块和模具的预热温度,预制块的开裂是完全可以避免的。

根据阿基米德原理,采用密度测试法计算出制备好的复合材料的体积分数,其中增强体粒径为5μm的SiCp/AZ91复合材料的体积分数为50%,增强体粒径为20μm的SiCp/AZ91复合材料的体积分数为48%,增强体粒径为50μm的SiCp/AZ91复合材料的体积分数为54%。实测的体积分数与设计值稍有差别,这是在制备预制块及挤压铸造过程中预制块稍有变形造成的。

3.3　挤压铸造 SiCp/AZ91 复合材料的显微组织观察

3.3.1　复合材料的组织观察

图3-5为增强体粒径分别为5μm、20μm和50μm的SiCp/AZ91镁基复合材料的挤压铸造态SEM显微组织形貌。复合材料中,颗粒的分布比较均匀,不存在明显的颗粒偏聚和未渗透区。颗粒的形貌比较完整,未发现颗粒破碎的现象,说明增强体颗粒在挤压铸造过程中没有发生破坏。SiC颗粒的一个普遍特征是有明显的棱角,而棱角往往相当尖锐,这主要是由制造、加工方法决定的。这种SiC颗粒是由尺寸很大的高强度的SiC结晶块经破碎、研磨而成,脆性的SiC经反复多次的断裂而形成的小颗粒自然会有许多的棱角。而有棱角的SiC颗粒用作磨料是非常适合的,但以此作为镁基复合材料的增强体,其效果有待进一步讨论。

3.3.2　复合材料的界面结构

对于非连续增强金属基复合材料的强化机制,目前主要存在两种观点:由于热残余应力的松弛导致的基体合金加工硬化;从基体合金到增强体的载荷传递。

---

① 1cal=4.18J。

但是不论哪一种机制起主导作用,增强体与基体合金界面强的界面结合是必须的。

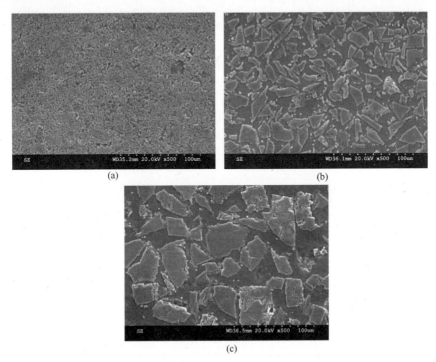

图 3-5 SiCp/AZ91 镁基复合材料的挤压铸造态 SEM 显微组织
(a) 增强体为 5μm 的 SiCp/AZ91;(b) 增强体为 20μm 的 SiCp/AZ91;
(c) 增强体为 50μm 的 SiCp/AZ91。

1. 颗粒的晶体结构

SiC 材料有多种同质多形体,可分为立方结构(C)、六方结构(H)和菱面体结构(R)。其中 3C-SiC、6H-SiC、4H-SiC 和 15R-SiC 最为常见。不同的 SiC 多形体具有不同的结构对称性,这取决于硅碳双原子层在一维方向上堆垛次序的不同。X 射线衍射和选区电子衍射斑点均证实了本书所用的 SiC 颗粒为 6H 晶型,图 3-6 是晶带轴为 $[11\bar{2}0]$ 时 6H 型 SiC 颗粒的 TEM 照片,其晶格常数 $a = 0.3081\text{nm}, c = 1.509\text{nm}$。

2. 颗粒中的缺陷

具有晶体缺陷是普通磨料 SiC 颗粒微观结构的一个重要特征,并将对界面甚至材料的宏观性能产生影响。为此,对 SiC 颗粒中晶体缺陷进行观察分析也是 SiCp/AZ91 复合材料组织结构研究的一个重要方面。

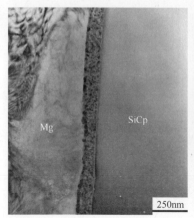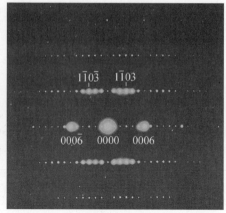

(a)   晶带轴：[11$\bar{2}$0]

                                                   (b)

图 3-6   6H 型 SiC 颗粒的 TEM 照片

(a) 颗粒的形貌；(b) 选区电子衍射花样。

首先，在挤压铸造态 SiCp/AZ91 复合材料中可以发现，部分磨料 SiC 颗粒的内部存在层错，有的区域层错的密度还很大，如图 3-7 所示。这种层错往往展开范围较大，甚至可达几个微米。这种宽层错不仅存在于磨料 SiC 颗粒中，就是在纯度很高的 CVD 法获得的单晶 SiC 薄膜中也能观察到，这就说明 SiC 晶体中这种层错能是相当低的。关于 SiC 颗粒中的层错对复合材料性能的影响报道的极少，Song 等认为，该种层错对 SiCp/Al 复合材料的断裂行为会产生一定影响。总的来说，SiC 颗粒中层错的数量不

图 3-7   SiC 颗粒中层错的 TEM 照片

是很大，并非普遍存在。除了层错以外，在少数 50 μm 的颗粒内部还发现了密度较高的位错以及微裂纹，如图 3-8 所示，这是由 SiC 颗粒的制备过程和预制块的制备过程共同造成的。

细小的 SiC 颗粒是由 SiC 结晶块经过破碎、球磨而成的，这样的加工方法不可避免地会对加工好的 SiC 颗粒造成一定的损伤。在制备预制块时，所用的压

力很大,这也有可能对颗粒造成一定的影响。这些位错以及微裂纹就可能导致这些大粒径的颗粒增强的复合材料在承受载荷时增强体颗粒发生断裂,从而导致材料失效。

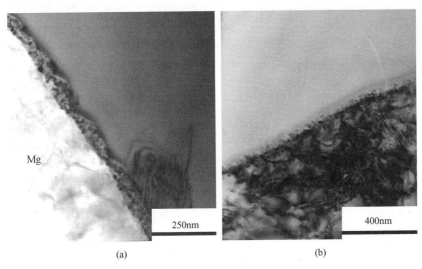

图 3-8 SiC 颗粒中缺陷的 TEM 照片

(a) 颗粒中的位错;(b) 颗粒中的微裂纹。

3. 复合材料的界面反应

图 3-9 为 SiCp/AZ91 镁基复合材料中 SiCp-Mg 界面的透射(TEM)照片,可以看出界面平直且结合紧密,界面上存在细小、不连续的界面相。图 3-10 为 SiCp-Mg 界面反应物的 TEM 照片,选区电子衍射环经标定为 MgO,晶格常数 $a = 0.4212$nm,这与文献[9]观察到的结果一致。郑明毅指出界面相 MgO 与碳化硅之间存在确定的晶体学位向关系,即

$$\begin{cases} \{111\}_{MgO} // \{111\}_{SiC} \\ <101>_{MgO} // <101>_{SiC} \end{cases} \tag{3-2}$$

大量的研究表明,SiC 晶须或颗粒增强铝镁系合金基复合材料的界面存在 $MgAl_2O_4$ 或 MgO 等界面相。与碳化硅晶须增强铝镁系合金一样,碳化硅颗粒和镁铝系合金构成的复合材料实际上也是一个 Al-Mg-Si-C-O 系统,在碳化硅颗粒和 AZ91 镁合金基体界面上可能出现的相为 SiO_2、界面反应物 MgO、$MgAl_2O_4$、Mg_2Si、Al_4C_3 以及界面析出物 $Mg_{17}Al_{12}$ 等。其中,Mg-O、Al-O 以及 Si-O 之间的原子键合大大高于 Al-C、Al-Mg、Mg-Si 之间的原子键合,因此,在复合材料体系中的氧被完全消耗之前,氧化相比 Mg_2Si、Al_4C_3 等相优先形成。在可能形成的氧化物中,MgO 比 $MgAl_2O_4$、Al_2O_3 的反应生成自由能低,而且反应热力学研究表

明,在碳化硅颗粒增强铝镁合金基复合材料中,随镁含量的增加,生成的 MgO 的稳定性增加。即镁含量非常低时,Al_2O_3 为稳定相;当镁含量增加时,$MgAl_2O_4$ 成为稳定相;镁含量进一步增加时,MgO 成为稳定相。

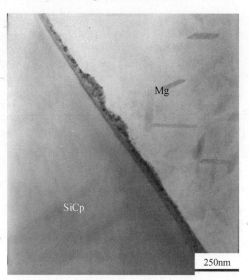

图 3-9　SiCp-Mg 界面的透射(TEM)照片

4. 界面反应物的形成机制

由于界面反应物为 MgO,所以氧的来源是最关键的问题,它可能来自以下几个方面:

(1) 预制块中所含的氧化物胶黏剂和熔融镁合金的反应,即

$$Al(PO_3)_3 + 9Mg \rightarrow 9MgO + Al + 3P \tag{3-3}$$

(2) 碳化硅颗粒表面在预制块烧结过程中形成的氧化物 SiO_2 与熔融的镁合金反应,即

$$SiO_2 + 2Mg \rightarrow 2MgO + Si \tag{3-4}$$

(3) 熔融镁合金溶液表面形成的 MgO 层,或者再浸渗之前的预制块中含有的氧(以原子或分子的形式存在于预制块中),与浸渗时的熔融镁合金反应,即

$$Mg + O(\ or\ O_2) \rightarrow MgO \tag{3-5}$$

这些氧化镁颗粒在挤压铸造时随镁合金溶液一起卷入到预制块中,弥散分布于碳化硅颗粒/基体的界面。在这种情况下,氧化镁颗粒不可能与碳化硅颗粒之间存在紧密的结合。

大量的文献报道:HF酸可以有效地溶解SiO_2,因此,酸洗能够明显减少SiC表面氧化物的含量。崔岩发现:用经HF酸酸洗过的SiC颗粒制备的复合材料中,未发现界面反应物。可以认为在预制块烧结过程中碳化硅颗粒表面形成的氧化物以及浸渗之前预制块中俘获的氧含量非常少。此外,镁合金的熔化过程表面撒覆盖剂,氧化的很少,即使有氧化镁存在,在浇注过程中预制块的上表面能起到过滤得作用,防止大的氧化物颗粒进入预制块中。

根据以上分析,界面反应物主要来自预制块中所含的氧化物胶黏剂和熔融镁合金的反应。

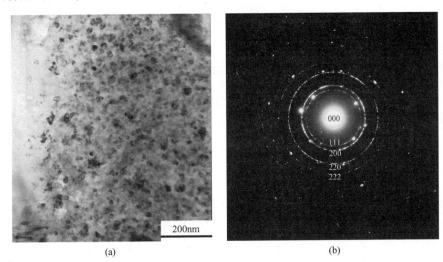

(a)　　　　　　　　　　　(b)

图3-10　SiCp-Mg界面相的TEM照片
(a)界面相的形貌;(b)选区电子衍射花样。

5. 复合材料界面附近区域的结构

图3-11所示为3种复合材料SiCp-AZ91界面附近处的位错形貌。可以看到3种复合材料在界面附近都存在很高密度的位错,这是由于碳化硅颗粒和基体合金的热膨胀系数相差很大(1:6),在制备复合材料的冷凝阶段时,碳化硅颗粒与基体合金之间的收缩过程相差很大,造成的热错配应力较大,从而导致了界面附近位错密度很高。

本书还在增强体为20μm的SiCp/AZ91复合材料界面处发现了很多细小晶粒,在增强体为50μm的SiCp/AZ91复合材料近界面处的基体合金中发现了大量的孪晶,如图3-12所示。

在复合材料挤压铸造过程中,由于预制块的温度一般低于浇注镁合金的温度,并且由于预制块中的增强体表面不可避免地存在一些缺陷,所以相对于

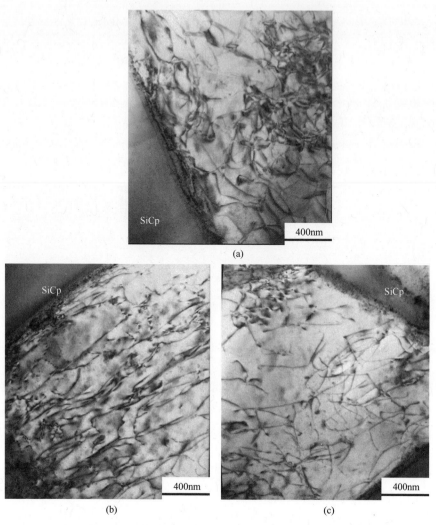

图 3-11　界面附近的位错形貌
（a）增强体为 5μm 的 SiCp/AZ91；（b）增强体为 20μm 的 SiCp/AZ91；
（c）增强体为 50μm 的 SiCp/AZ91。

增强体的间隙处和基体中的形核区，界面处尤其是增强体的表面处形核区域较多，所以镁合金会以增强体表面作为非均匀形核基底，在界面处形成一些细小的晶粒。由于增强体为 20μm 的 SiCp/AZ91 复合材料中增强体之间的缝隙比较小，在其中形核的晶粒来不及长大就充满了缝隙，所以基体合金的晶粒比较细小；而增强体为 50μm 的 SiCp/AZ91 复合材料增强体间的缝隙较大，晶粒在形核后有足够的空间长大，所以晶粒比较粗大。增强体为 50μm 的 SiCp/

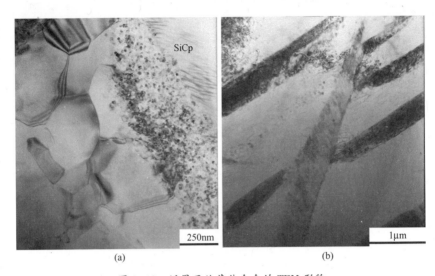

图 3-12 近界面处基体合金的 TEM 形貌

（a）增强体为 20μm 的 SiCp/AZ91 界面处的细小晶粒；

（b）增强体为 50μm 的 SiCp/AZ91 近界面处基体合金中的孪晶。

AZ91 复合材料近界面处基体合金中存在大量孪晶这一现象也可从侧面反映其基体合金晶粒粗大的事实，有文章报道，晶粒越粗大，产生孪晶的趋势越大，形成孪晶所需的驱动力也越小。另外，在透射电镜下还观察到增强体为 5μm 的 SiCp/AZ91 复合材料中很多颗粒周围的晶粒取向相同，说明很多颗粒被基体合金的晶粒包在里面。

3.4 复合材料的力学性能

3.4.1 拉伸性能

本书对挤压铸造态合金和制备好的 3 种复合材料进行了拉伸性能测试，图 3-13 为合金及复合材料的拉伸应力—应变曲线。表 3-1 所列为合金及采用不同增强体粒径的 SiCp/AZ91 复合材料的力学性能，与基体合金相比较，复合材料的屈服强度、抗拉强度和弹性模量均大大提高，而延伸率下降。此外，不同增强体粒径的 SiCp/AZ91 复合材料的性能也不相同。由于复合材料中增强体的类型、胶黏剂的类型、体积分数和基体合金都相同，这种性能差别与增强体的粒径变化有关。为了更加直观地显示不同材料之间的性能差别，根据表 3-1 绘制了各种力学性能的直方图，如图 3-14 所示。

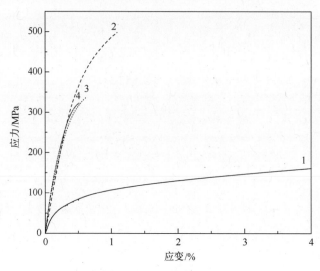

图 3-13 合金及复合材料的拉伸应力—应变曲线
1—AZ91；2—5SiCp/AZ91；3—20SiCp/AZ91；4—50SiCp/AZ91。

由图 3-14(a)可以看出，增强体粒径为 5μm 的复合材料的抗拉强度最高，其抗拉强度比增强体粒径为 20μm 的复合材料高约 47%，比增强体粒径为 50μm 的复合材料高约 54%，比基体合金高约 160%。而增强体粒径为 20μm 的复合材料与增强体粒径为 50μm 的复合材料抗拉强度大致相同。该结果已经大大超过了 H. Hu 得到的同类复合材料的结果(302MPa)，说明本书采用的挤压铸造工艺下制备的 SiCp/AZ91 复合材料的强度指标达到了很高的水平。

表 3-1 合金及不同增强体粒径的 SiCp/AZ91 复合材料的力学性能

材　　料	屈服强度/MPa	抗拉强度/MPa	弹性模量/GPa	延伸率/%
AZ91	75	191	45	7.2
5μm SiCp/AZ91	426	498	102	1.08
20μm SiCp/AZ91	314	338	113	0.61
50μm SiCp/AZ91	315	323	127	0.52

由图 3-14(c)可以看出，增强体粒径为 5μm 的复合材料具有最高的屈服强度，这也说明了小粒径的颗粒增强效果要好于大粒径的颗粒，根据之前的讨论，一部分小粒径的颗粒位于晶粒内部，弥散的小颗粒比大颗粒更容易使载荷从基体向增强体传递，从而导致了复合材料具有较高的强度。

84

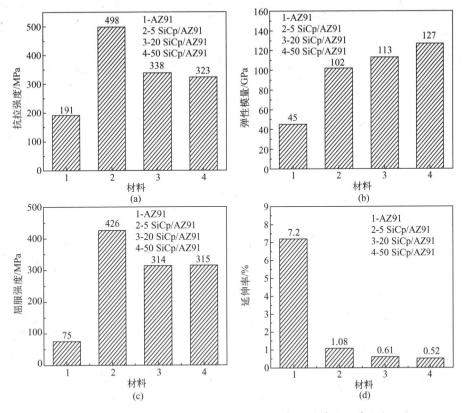

图 3-14　不同增强体粒径的 SiCp/AZ91 复合材料的力学性能
（a）抗拉强度；（b）弹性模量；（c）屈服强度；（d）延伸率。

　　除强度外,刚度也是金属基复合材料的一个重要的性能指标。由图 3-14
（b）可以看出,增强体粒径为 50μm 的复合材料具有最高的弹性模量,其弹性模
量较基体合金提高了约 182%。可以认为颗粒粒径越大,其阻碍复合材料变形
的能力越强。关于颗粒增强金属基复合材料弹性模量的理论预测,目前已有较
多报道。其中,Halpin-Tsai 方程已经被越来越多的研究者所接受,该方程的表
达式为

$$E_c = \frac{E_m(1+2sqV_p)}{1-qV_p} \qquad (3-6)$$

其中

$$q = \frac{(E_p/E_m-1)}{(E_p/E_m)+2s} \qquad (3-7)$$

式中:E_c 为复合材料的弹性模量;E_m 为基体的弹性模量;E_p 为颗粒的弹性模量;V_p 为颗粒体积分数;s 为颗粒的平均长径比。

本书所用的增强体为山东省青州市恒泰微粉有限公司生产的 α 型 SiC 颗粒,粒度分别为 5μm、20μm 和 50μm。在计算弹性模量的理论值时,E_m 取 45GPa,E_p 取 435GPa。颗粒的平均长径比实测为 1.5,颗粒的体积分数为 50%。计算所得的弹性模量值为 138GPa,与试验所得基本相同,这说明本书所制备的材料性能十分优异。

3.4.2 拉伸断口形貌

拉伸断口的 SEM 分析是研究复合材料失效(包括裂纹萌生、扩展以及材料的变形与断裂等)微观机制的有效手段。在某些情况下,甚至可以直接反映出材料界面及近界面基体力学行为的主要特征。但若单独使用这一技术去揭示界面微观力学行为,却存在以下问题:一是该技术不具有实时性;二是观察到的特征难以量化。只有当特征非常明显时才可做出定性结论,而对于差别不大的断口(这样的结果往往是因为材料的组织、性能较为接近造成的),就不能轻易下结论。

然而作为辅助性手段,SEM 断口观察却可以为结论提供佐证。为此,本书对挤压铸造的 3 种复合材料的拉伸断口进行了 SEM 观察,图 3-15 所示为 3 种复合材料的拉伸断口形貌。由图可以看出,3 种复合材料的拉伸断口都比较平直,没有明显的转折和台阶。

为了进一步分析复合材料性能差异的原因,本书还在较高的倍数下观察了复合材料的断口形貌,典型的观察结果如图 3-16 所示,由于增强体粒径相差很大,为了能观察到断口处的微观形貌,所以照片没有选用相同的放大倍数。由图中可以看出,增强体为 5μm 的 SiCp/AZ91 复合材料的拉伸断口处看不到明显的颗粒痕迹,这一点与其他两种复合材料相比有较为明显的差异,这说明了在增强体为 5μm 的 SiCp/AZ91 复合材料的断裂过程中,基本上不出现因增强体颗粒失效(颗粒断裂或界面脱粘)而裸露出来的现象。而在增强体为 20μm 和 50μm 的两种 SiCp/AZ91 复合材料的拉伸断口中均能发现明显的颗粒痕迹,还能观察到增强体颗粒在拉伸过程中产生的断裂现象,如图 3-16 中(b)、(c)所示。与增强体为 50μm 的 SiCp/AZ91 复合材料相比,增强体为 20μm 的 SiCp/AZ91 复合材料拉伸断口处的一部分颗粒表面都粘有一层合金,这意味着增强体为 20μm 的 SiCp/AZ91 复合材料比增强体为 50μm 的 SiCp/AZ91 复合材料的界面结合更强一些。

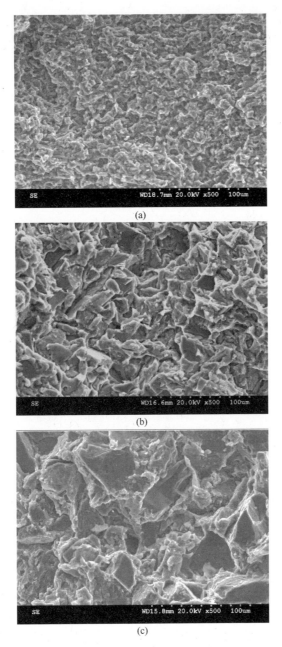

图 3-15　复合材料拉伸断口的宏观形貌

（a）增强体为 5μm 的 SiCp/AZ91；（b）增强体为 20μm 的 SiCp/AZ91；

（c）增强体为 50μm 的 SiCp/AZ91。

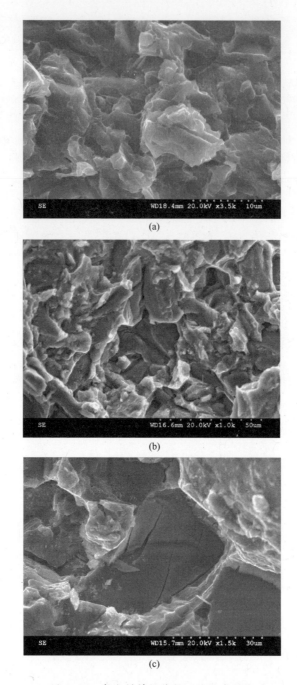

图 3-16　复合材料拉伸断口的微观形貌

(a) 增强体为 5μm 的 SiCp/AZ91; (b) 增强体为 20μm 的 SiCp/AZ91; (c) 增强体为 50μm 的 SiCp/AZ91。

同时,增强体为 5μm 的 SiCp/AZ91 复合材料在断裂前,基体发生了强烈的塑性变形,而其他两种材料的基体合金在断裂之前几乎没有发生塑性变形。

综上所述,增强体尺寸对复合材料的力学性能及断裂机制有很大的影响。在小粒径的 SiC 颗粒增强镁基复合材料中,复合材料的强度由基体本身的性质和界面结合强度控制;在大粒径的 SiC 颗粒增强镁基复合材料中,复合材料的强度由 SiC 颗粒的断裂强度控制。

3.4.3 高温性能

由于材料有时需要在高温下服役,故又对制备好的复合材料的高温性能进行了测试。图 3-17 所示为合金及复合材料的抗拉性能随温度的变化曲线,从图中可以看出,随着温度的增加,合金及复合材料的抗拉性能均有所下降,但复合材料的抗拉性能一直高于合金的抗拉性能,这说明即使在高温区,增强体在复合材料中仍然起作用。图中还可以看到,增强体粒径越小的复合材料随温度的增加抗拉强度下降得很快,这说明增强体粒径越小的复合材料抗拉强度的温度敏感性越强。在 400℃ 时,增强体为 20μm 的复合材料抗拉性能下降到略低于增强体为 50μm 的复合材料的程度,这也说明了上述观点的正确性。

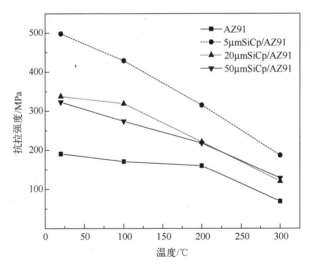

图 3-17 合金及复合材料的抗拉性能随温度的变化

图 3-18 所示为合金及复合材料的延伸率随温度的变化曲线。由图中可以看出,在测试温度范围内合金和复合材料的延伸率均在上升。合金的延伸率在 200℃ 时达到一个峰值(23%),在 300℃ 时又有所下降(20%),这可能是由于在

300℃时合金的抗拉强度很低,只有69MPa,在较大的拉伸速率(0.5 mm/min)下过早的开裂。而复合材料的延伸率则随温度的上升而一直上升,这说明即使是在300℃时,复合材料的强度仍然很高,在较大的应变速率下也没有过早开裂。

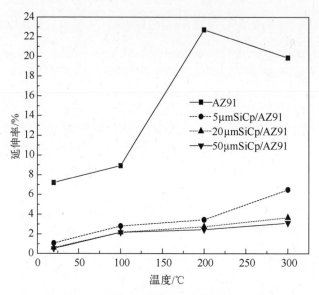

图 3-18 合金及复合材料的延伸率随温度的变化

图 3-19 所示为增强体粒径分别为 5μm、20μm 和 50μm 的 SiCp/AZ91 复合材料分别在室温、100℃、200℃和300℃下的拉伸曲线。

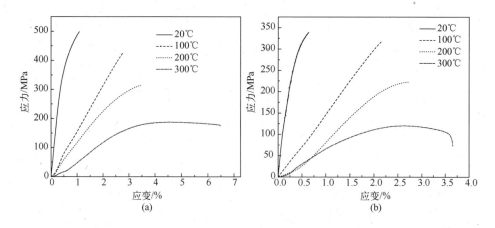

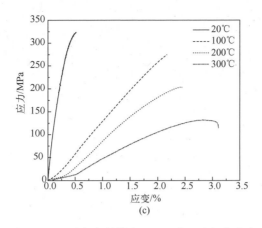

(c)

图 3-19　3 种复合材料在不同温度下的拉伸曲线

(a) 增强体为 5μm 的 SiCp/AZ91；(b) 增强体为 20μm 的 SiCp/AZ91；

(c) 增强体为 50μm 的 SiCp/AZ91。

3.4.4　高温拉伸断口形貌

为了进一步研究合金及复合材料在高温下的断裂行为,本书还对它们的高温断口进行了 SEM 观察。图 3-20 所示为 AZ91 合金和增强体粒径分别为 5μm、20μm 和 50μm 的 SiCp/AZ91 复合材料在 100℃、200℃和 300℃下的拉伸断口形貌。

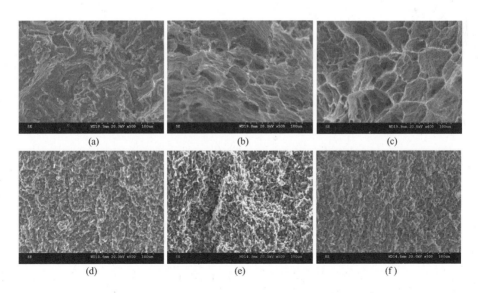

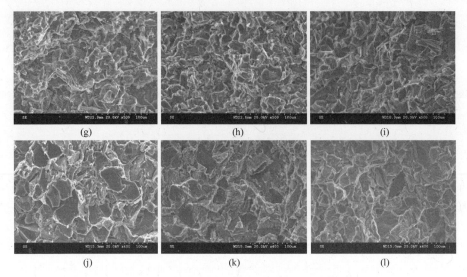

图 3-20　合金及复合材料在不同温度下的拉伸断口形貌
(a) 100℃ AZ91;(b) 200℃ AZ91;(c) 300℃ AZ91;
(d) 100℃ 5μm SiCp/AZ91;(e) 200℃ 5μm SiCp/AZ91;(f) 300℃ 5μm SiCp/AZ91;
(g) 100℃ 20μm SiCp/AZ91;(h) 200℃ 20μm SiCp/AZ91;(i) 300℃ 20μm SiCp/AZ91;
(j) 100℃ 50μm SiCp/AZ91;(k) 200℃ 50μm SiCp/AZ91;(l) 300℃ 50μm SiCp/AZ91。

由图中可以看出,随着温度的上升,合金的断口处韧窝逐渐增多增大。增强体为 5μm 的 SiCp/AZ91 复合材料在 100℃ 下的拉伸断口与室温断口区别不大,还是很平直,呈现出脆性断裂机制,而在 200℃ 下的断口则出现一定的起伏,在 300℃ 下断口的起伏变小,呈现出一个个小韧窝的形貌,这导致了复合材料的延伸率有较大程度的提高。而增强体为 20μm 和 50μm 的两种 SiCp/AZ91 复合材料的断口随拉伸温度的变化不大,虽然在 300℃ 时复合材料的基体合金有拔长的现象,但总的来说断口都是很平直,呈现出脆性断裂机制。

3.5　复合材料的热膨胀性能

具有高体积分数增强体的金属基复合材料具有良好的尺寸稳定性,影响尺寸稳定性的因素主要有两个:一是线膨胀系数的大小,线膨胀系数越小,尺寸稳定程度越高;二是热循环曲线的形状,当升温和降温曲线重合时,这种情况的尺寸热稳定性最好。目前,国内外对高体积分数的颗粒增强铝基复合材料研究得比较多,而对高体积分数的颗粒增强镁基复合材料研究得较少。本书通过对高体积分数的 SiCp/AZ91 镁基复合材料热膨胀性能的研究,揭示其热膨胀性能的规律以及微观机理。

3.5.1　基体合金及复合材料的平均线膨胀系数

为了详细地分析挤压铸造态 SiCp/AZ91 复合材料在不同温度区间的热膨胀系数,我们测出了不同温度区间的基体合金 AZ91 和复合材料的平均热膨胀系数,同时给出了两种常用理论模型的计算结果,见表 3-2。在这里,假设在整个试验温度范围内 SiC 颗粒的热膨胀系数、体弹模量均不改变。

表 3-2　基体合金及复合材料的平均线膨胀系数(单位:10^{-6}/K)

温度区间/℃	Mode	20~100	20~150	20~200	20~250	20~300	20~350	20~400
AZ91	M	23.56	25.98	26.91	27.74	28.36	28.75	29.14
5μm SiCp/AZ91	M	9.23	10.19	10.89	11.57	12.18	12.76	13.4
	ROM	14.13	15.34	15.81	16.22	16.53	16.73	16.92
	T	6.47	6.69	6.78	6.86	6.92	6.95	6.99
20μm SiCp/AZ91	M	9.73	11.05	11.85	12.6	13.29	13.95	14.31
	ROM	14.51	15.77	16.25	16.68	17	17.21	17.41
	T	6.60	6.84	6.93	7.02	7.08	7.12	7.16
50μm SiCp/AZ91	M	8.88	10.85	11.91	12.81	13.81	14.49	15.04
	ROM	13.38	14.49	14.92	15.3	15.58	15.76	15.94
	T	6.23	6.42	6.50	6.57	6.62	6.65	6.68

注:M —试验测量值;ROM—混合法则计算值;T—Turner 定理计算值

从表中可以看出,随温度区间的增加,所有材料的平均热膨胀系数均增加。3 种复合材料的平均热膨胀系数均明显小于 AZ91 基体合金的平均热膨胀系数,约为基体合金的 40%。其中增强体为 5μm 的 SiCp/AZ91 复合材料热膨胀系数最低,而这 3 种复合材料的体积分数相差不大,说明这种差异是由于增强体粒径不同而导致的。由于颗粒增强的金属基复合材料约束基体膨胀的只有颗粒,而这种约束主要体现在近界面区。在相同体积分数的情况下,颗粒粒径的减小使得增强体/基体界面面积增大,其对基体变形的约束力也增大,从而导致复合材料的热膨胀系数降低。

从表中还可以看出,在温度较低(20~100℃)时增强体为 50μm 的 SiCp/AZ91 复合材料的平均线膨胀系数比其他两种复合材料略低,这是由于增强体为 50μm 的 SiCp/AZ91 复合材料的体积分数比其他两种复合材料的稍高,说明就 SiCp/AZ91 复合材料而言,增强体体积分数越高,复合材料的平均线膨胀系数越低,但随着温度上升,增强体为 50μm 的 SiCp/AZ91 复合材料的平均线膨胀系数的增加幅度明显要大于其他两种复合材料,说明体积分数对平均线膨胀系数的影响不如增强体粒径对平均线膨胀系数的影响大。图 3-21 为基体合金和 3 种复合材料的热膨胀升温曲线示意图。

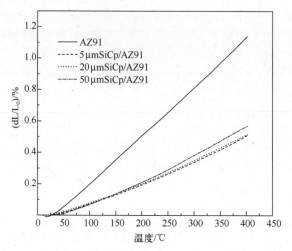

图 3-21　基体合金及 3 种复合材料的热膨胀升温曲线

3.5.2　基体合金及复合材料热循环曲线的分析

图 3-22 所示为基体 AZ91 合金和 3 种复合材料的热膨胀一次循环曲线,为了能看清楚 3 种复合材料的一次循环曲线,本书还把 3 条曲线分开表示,如图 3-23 所示。从图中可以看出:

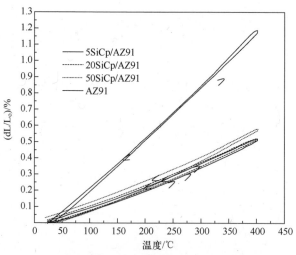

图 3-22　基体合金及复合材料的热循环曲线

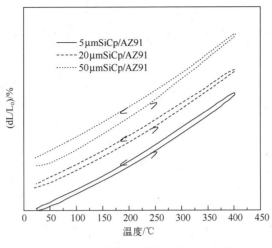

图 3-23　3 种复合材料的热循环曲线

（1）3 种复合材料的热循环曲线均位于基体合金的热循环曲线的下方，其中增强体为 5μm 的 SiCp/AZ91 复合材料的热循环曲线位置最低；增强体为 50μm 的 SiCp/AZ91 复合材料的热循环曲线位置最高。

（2）基体合金的热循环过程中冷却阶段曲线始终位于加热阶段曲线的上部，加热曲线上无明显拐点，经过一次热循环后，试样棒产生了微量伸长，循环曲线基本闭合。

（3）复合材料的热循环过程中冷却阶段曲线始终位于加热阶段曲线的上部，经过一次热循环后，试样均产生了的伸长。其中，增强体为 5μm 的 SiCp/AZ91 复合材料的伸长量最小，只有不到 2μm；增强体为 50μm 的 SiCp/AZ91 复合材料的伸长量最大，伸长量大于 6μm。

（4）在降温过程中复合材料中各个温度点均有一伸长量，增强体为 5μm 和 20μm 的 SiCp/AZ91 复合材料的伸长量均基本不随温度变化而变化；增强体为 50μm 的 SiCp/AZ91 复合材料的伸长量，在 400～260℃阶段不断增大，在 260～20℃阶段为一定值。

复合材料在制备过程中由高温冷却至室温时，由于基体合金的的收缩系数远大于增强体的收缩系数以及结合界面的约束作用，使基体合金不能自由收缩，故在室温下，复合材料中增强体周围的基体合金受着残余拉应力作用，增强体受残余压应力作用。Vaidya 等的研究结果表明，在颗粒增强金属基复合材料中，颗粒越细小复合材料中的热残余应力越高，经过热循环之后的伸长量越小。这与本书的研究结果相同。

复合材料在加热阶段，随着基体合金的膨胀，基体中存在的残余应力将逐渐释放,当此残余应力释放完全后,基体合金中将出现新的应力状态,此时基体合金由于热膨胀系数远大于增强体,基体合金将受到压应力作用,这对基体的热膨胀行为产生了一定程度的阻碍作用。由于低温时基体合金的屈服强度较高,所以作用于基体合金上的应力还不能引起基体的塑性变形,此阶段基体中无明显塑性变形,复合材料的变形主要来源于基体和增强体的膨胀,在这里由于热应力引起的弹性变形在随后的冷却过程中可以得到恢复,所以可以忽略。

当温度继续增加时,随着热应力的增大和基体屈服强度的降低,增强体周围的应力超过了基体合金的屈服强度,基体中将发生塑性变形,复合材料的变形量将等于基体与增强体的热膨胀量与基体的塑性变形量之和,因而导致此阶段复合材料的变形量突然增加,从而使曲线上出现拐点,线膨胀系数增加。这在增强体为 $50\mu m$ 的 SiCp/AZ91 复合材料中表现得尤为明显,这是由于其制备过程中的热残余应力小,随着温度升高基体合金的应力状态迅速由拉应力变为压应力,且不断增大,使得基体合金发生严重的塑性变形,造成热循环曲线出现明显的拐点。

当复合材料均匀冷却时,由于基体的收缩,增强体附近基体的压应力将逐步得到释放,当压应力释放完后,基体中将再次出现拉应力状态,拉应力的存在将对基体的热收缩产生阻碍作用。加热过程中增强体附近参与塑性变形的基体合金由于发生塑性变形而得到了应变强化,所以在相同的应力作用下这些基体不会再产生塑性变形。热拉应力对基体的收缩影响不显著,所以应力状态的变化不会对复合材料的变形量有明显影响,从而对线热膨胀系数值也不会有明显的影响,所以冷却曲线上没有明显的拐点出现,曲线在整个温度区间具有线性特征。复合材料在冷却时的热收缩量可近似认为等于其在加热时的热膨胀量,而在加热阶段基体所发生的塑性变形被保留,从而使复合材料在各个温度点都无法恢复到原来的尺寸。

3.6 复合材料的阻尼性能

多数的金属基复合材料都具有比基体合金稍好的阻尼性能,这种增长可归结为第二相的加入增加了基体中的位错密度等晶体缺陷、某些第二相本身有更好的阻尼性能以及两相结合界面吸收振动能量等阻尼机制。

3.6.1 阻尼与应变振幅的关系

图 3-24 是 AZ91 镁合金和 3 种增强体粒径的 SiCp/AZ91 复合材料在室温时的阻尼与应变的关系,实验采用的频率为 1Hz。比较基体合金与复合材料的

阻尼性能,可见在试验所测量的范围内,复合材料的阻尼值比基体合金的阻尼值略高,且都随着应变量的升高而升高。其中,复合材料的阻尼性能增加得更显著些。由图中还可以看出,每条曲线都有一个水平平台,AZ91 合金的平台范围为 $4\times10^{-4}\%\sim1\times10^{-2}\%$,复合材料的平台范围为 $4\times10^{-4}\%\sim3\times10^{-3}\%$,说明在这段范围内,材料的阻尼值不随应变振幅变化而变化。因此,无论是基体合金还是复合材料,都有一个临界振幅值,在小于这个临界振幅值的低应变阶段,阻尼和振幅没有相关性,在高于这个临界振幅值的高应变阶段,阻尼和应变振幅存在一定的相关性。随着应变振幅的增加,材料的阻尼值迅速增加。

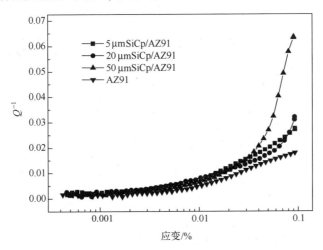

图 3-24　AZ91 与 SiCp/AZ91 复合材料的阻尼性能

此现象可由 G-L 位错阻尼理论解释。对于 AZ91 镁合金,镁中的长位错线被其中的杂质钉扎点所钉扎,在较小的应力作用下,两个钉扎点间的位错弦随周期应力而振荡,产生由频率决定的与应变振幅无关的阻尼。但当位错线所受应力足够大时,位错线将能从钉扎点上脱离开。由于长钉扎点上的位错线最容易脱开,所以某个位错线段一旦从一个弱钉扎点处脱钉,自由位错线的长度就增大了,于是更容易从旁边的钉扎点处脱钉。因此,位错线从钉扎点上脱钉的过程是"雪崩"似的,即应力增加到足以使某一位错线段首先脱钉的一定值时,整个位错线就迅速脱钉,从而使镁的阻尼值迅速增加到一个很大的值。这种阻尼表现与频率无关,而由应变振幅决定。对于镁基复合材料,同样如此,并且由于第二相增强体的加入,大大增加了基体镁合金中的位错密度,这种"雪崩"似的脱钉过程还提前了。

相比 3 种复合材料,在高振幅阶段,增强体粒径越大的复合材料阻尼值上升得越快。由前述可知,增强体粒径越大,复合材料中基体合金的晶粒越大,位错缠结的程度越小,如图 3-11 所示,对位错的钉扎较弱,位错较容易开动。

3.6.2 阻尼与温度以及频率的关系

图 3-25 是 AZ91 与 SiCp/AZ91 复合材料的阻尼—温度行为,为了研究振动频率对材料阻尼性能的影响,分别选取了 0.5Hz、1Hz、5Hz 和 10Hz 四种频率,升温速率为 5℃/min,振幅为 $1×10^{-4}$。

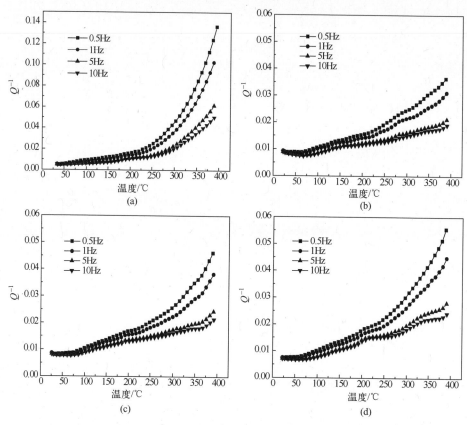

图 3-25 AZ91 与 SiCp/AZ91 复合材料的阻尼—温度行为
(a) AZ91;(b) 增强体为 5μm 的 SiCp/AZ91;
(c) 增强体为 20μm 的 SiCp/AZ91;(d) 增强体为 50μm 的 SiCp/AZ91。

从图中可以明显看出,合金以及镁基复合材料的阻尼性能都是随着温度的上升而增加,在室温附近,各种频率下的材料的阻尼性能相差无几,增加缓慢,但过了 50℃,材料的阻尼性能随温度上升的增速开始变快,并且低频阻尼增加的更快。镁合金和复合材料都有一个阻尼快速增加的转变点,约为 250℃,温度低于这个点,阻尼性能增加缓慢,过了该点,阻尼性能的增加变得十分急剧。经分析后发现,镁有一个滑移系增加的转变点正好发生在 250℃,镁是密排六方(HCP)结构的金属,室温时它的滑移系很少,只有(0001)1 个滑移面,3 个滑移方向[$11\bar{2}0$]、[$1\bar{2}10$]和[$2\bar{1}\bar{1}0$],故镁在较低温度时的塑性低,不易进行塑性变形。当温度升高到 250℃ 时,镁中出现新的滑移面($10\bar{1}0$)和($10\bar{1}2$),这样由于滑移系的增加,导致可运动位错的数量大大增加。所以,镁合金和镁基复合材料的阻尼性能在这个转变点之后迅速增加了。

对复合材料的阻尼行为的测量表明,温度是影响其阻尼行为的最主要因素,并且在不同的温度条件下,产生的阻尼机制是不同的,即主要的阻尼源随温度改变而有较大变化。较低温度范围内,镁基复合材料相对镁合金较好的阻尼性能主要归功于复合材料中较高的位错密度,位错的共振和脱钉运动吸收了大量振动能量,提高了复合材料的阻尼性能。高温时,镁基复合材料较好的阻尼性能主要应归功于复合材料中大量存在的界面。复合材料中低温下结合良好的界面的结合强度随温度的升高而降低,并在一定应力作用下,界面将产生微滑移运动,从而消耗振动能量,提高阻尼性能。这种界面微滑移产生的阻尼将随温度的升高而增加,逐渐成为复合材料中的主要阻尼源。尽管许多的缺陷,如较多的杂质和位错、较小的晶界等都能提高复合材料的阻尼性能,但界面阻尼是高温下金属基复合材料的最主要阻尼机制。振幅和频率对复合材料界面阻尼性能影响也较大,一般认为,随应变振幅加大,界面微滑移过程可以进行得更完全,并且发生滑移的界面微区概率增大,因此复合材料的阻尼增加。频率的影响效果则与振幅相反。

3.7　SiCp/AZ91 镁基复合材料的拉伸断裂行为

长期以来,人们一直十分关注材料断裂行为的研究,因为零件的断裂不仅使其完全丧失服役能力,还可能造成间接或直接的经济损失和事故。金属基复合材料由于其断裂应变较小,断裂韧性和塑性较差而限制了其在工程上的广泛应用。深入理解复合材料的变形断裂机制,寻求改善其塑性和韧性的途径,充分发挥复合材料的性能潜力,对复合材料的工程实际应用有广泛的指导意义。

非连续增强金属基复合材料承受载荷时可以以各种形式断裂,如增强体-基体界面失效开裂、基体断裂、增强体断裂等,有时以一种形式为主,有时多种形式混合。造成这一现象的主要原因是非连续增强相加入后,可能导致复合材料界面处性质的不连续性及材料内部微观应力场的不均匀性。

SEM 原位观察是研究复合材料微观断裂机制的一项新技术,目前已有学者将该技术用于金属基复合材料的断裂行为的研究中,并得到一些有价值的研究结果。与普通的 SEM 端口观察相比,SEM 原位观察的主要优点就是具有良好的实时性,可以捕捉到很多有价值的动态信息,更适合于研究材料的损伤和断裂过程。本书采用 SEM 原位拉伸技术对增强体粒径为 $20\mu m$ 的 SiCp/AZ91 复合材料拉伸时的断裂行为进行了研究,并讨论了 SiCp/AZ91 复合材料的断裂机制。

3.7.1 微裂纹的萌生

当复合材料受载时,许多微裂纹在预制缺口处形核。如图 3-26 所示,微裂纹主要在靠得很近的颗粒之间、近颗粒的基体以及颗粒断裂处形核。如果在预制块制备过程中有些颗粒靠得很近,那么在挤压铸造时合金将不易流入其缝隙中,造成此处形成一个缺陷,在拉伸时裂纹将在此处优先形成,而颗粒断裂是由颗粒的加工过程决定的,由于颗粒是经过研磨制备的,所以在颗粒中会形成很多缺陷,当材料加载时,颗粒就有可能发生断裂,从而形成裂纹。

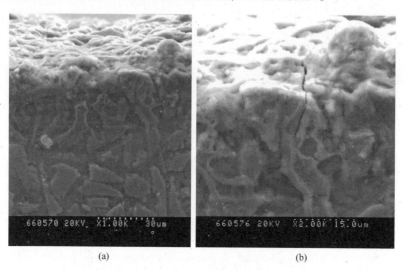

(a)   (b)

图 3-26　缺口形状及微裂纹的萌生
(a) 缺口形状;(b) 微裂纹的萌生。

3.7.2 微裂纹的扩展

当载荷增加时,裂纹在外加载荷的作用下沿垂直于外加应力的方向有一定程度的扩展,与此同时,基体中有更多的微裂纹萌生,而且一些微裂纹相互连接,形成主裂纹。如图 3-27 所示,形成的微裂纹主要在近界面区基体中扩展,其扩展方向一般垂直于外加应力方向。从图中可以看出,主裂纹的扩展途径是曲折的,其主要原因是部分界面处裂纹扩展阻力小,而裂纹又往往沿最有利的途径进行扩展。

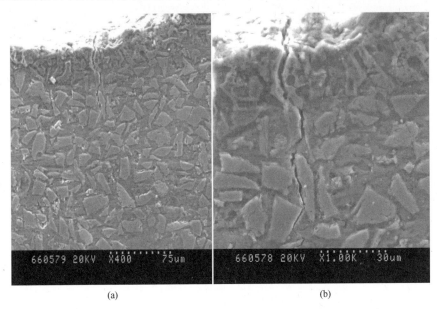

图 3-27 SEM 原位拉伸下 SiCp/AZ91 复合材料中形成的主裂纹

(a) 主裂纹的宏观形貌;(b) 主裂纹的微观形貌。

颗粒对裂纹的扩展有很大影响,如图 3-28 所示,当裂纹和颗粒相遇时,裂纹通常从颗粒侧面绕过,沿界面扩展,这表明同颗粒相比,界面与基体的强度仍是不足。

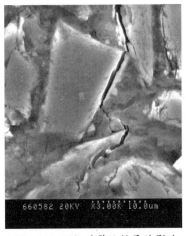

图 3-28 颗粒对裂纹扩展的影响

此外,主裂纹尖端以及主裂纹附近,伴随着一些次生裂纹的产生,如图 3-29 所示,次生裂纹主要在颗粒与基体的界面处以及颗粒的断裂处形成,这说明在应力作用下某些界面出现了早期脱粘现象,进而导致微裂纹的出现,这也将对主裂纹扩展途径产生重要影响,甚至使之发生转折。继续加载,主裂纹迅速扩展而断裂。

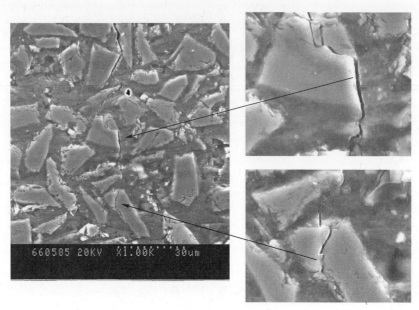

图 3-29　主裂纹尖端产生的次生裂纹

综上所述,本书总结出 SiCp/AZ91 复合材料的断裂行为模式,如图 3-30 所

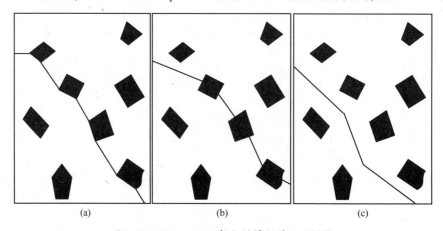

(a)　　　　　　　　(b)　　　　　　　　(c)

图 3-30　SiCp/AZ91 复合材料断裂行为模式

(a) 界面控制机制;(b) 应力集中机制;(c) 基体控制机制。

示,分别为界面控制机制,增强体颗粒与基体脱粘;应力集中机制,颗粒开裂产生裂纹源;基体控制机制,断口表现为晶间断裂,最终导致复合材料断裂。

可以想象,随着界面脱粘和颗粒断裂的增多,断口处裸露出的颗粒也应该越多,也就是说拉伸断口上颗粒裸露的多的复合材料,其界面结合一定很差。这样就可以由常温拉伸断口观察推测,增强体为 5μm 的 SiCp/AZ91 复合材料的界面结合最强,随颗粒粒径的增大,复合材料的界面结合强度是下降的。

参 考 文 献

[1] Donomoto T,Funamati K,Miuna N,et al. Ceramic fiber reinforced piston for high performance diesel engines. SAE Technical Ppaer 830252,1983.

[2] Pekguleryuz M O. Magnesium Composites—A Critical Review. Proceedings of 1st (CANCOM91) Canadian International Composites Conference and Exhibition, Monteral, 1991: 278-288.

[3] Chadwick G A. Squeeze Casting of Magnesium alloys and Magnesium based Metal Matrix Composites. Proceedings of Magnesium Technology, The Institute of Metals, 1987: 75-82.

[4] 邱鑫. 挤压铸造 SiCp/AZ91 镁基复合材料的显微结构与性能. 哈尔滨:哈尔滨工业大学,2006.

[5] 郑明毅. SiCw/AZ91 镁基复合材料的界面与断裂行为. 哈尔滨:哈尔滨工业大学,1999.

[6] 克莱茵 T W,威瑟斯 P J. 金属基复合材料导论. 余永宁,房志刚,译. 北京:北京冶金工业出版社, 1996:319-323,42-110.

[7] Shaffer P T B. A Review of the Structure of Silicon Carbide. Acta Cryst,1969,B25(3): 477.

[8] Song S G,Vaidya R U,Zurek A K et al. Stacking Faults in SiC Particles and Their Effect on the Fracture Behavior of a 15 Vol Pct SiC/6061-Al Matrix Composite. Metall. Trans. , 1996;27A: 459-465.

[9] Li Zhipeng,Zhang Feihu,Zhang Yong,et al. Experimental investigation on the surface and subsurface damages characteristics and formation mechanisms in ulta-precision grinding of sic.The international Jourual of Advanced Manufacturing Technology,2015,92:2677-2688.

[10] Braszczyńska K N,Lityńska L, Zyska A,et al. TEM analysis of the interfaces between the composites in magnesium matrix composites reinforced with SiC particles. Materials Chemistry and Physics,2003,81: 326-328.

[11] Nutt S R. Interfaces and Failure Mechanisms in Al-SiC Composites. Interfaces in Metal-Matrix Composites. The Metallurgical Society,1986: 157-167.

[12] Henriksen B R. The Microstructure of Squeeze-Cast SiCw-reinforced Al4Cu Base Alloy with Mg and Ni Additions. Composites,1990, 21(4): 333-338.

[13] 叶枫. SiC 晶须增强氧化物陶瓷界面结构及其对力学性能的影响. 哈尔滨:哈尔滨工业大学,1994.

[14] Landi E,Casagrande A,Ceschini L. A Study on the Different Reactivity of HF-Pretreated and Untreated Nicalon Fibers with 6061 Alloy. Mater. Chem. Phys,1995,42: 285-290.

[15] 崔岩. SiCp/6061Al 复合材料的制备及界面研究. 哈尔滨:哈尔滨工业大学, 1997.

[16] Hu H. Squeeze casting of magnesium alloys and their composites. Journal of Materials Science, 1998,33: 1579-1589.

[17] Rozak G A. Effects of Processing On The Properties of Aluminum and Magnesium Matrix Composites.

Case Western Reserve University,1993.

[18] Lloyd D J. Particle Reinforced Aluminum and Magnesium Matrix Composites. Int. Mater. Rev. , 1994; 39 (1): 1−23.

[19] Xia X,Mcqueen H J,Zhu H. Fracture Behavior of Particle Reinforced Metal Matrix Composites. Applied Composite Materials, 2002(9): 17−31.

[20] Bhanuprasad V V,Staley M A, Ramakrishnan P, et al. Fractography of Metal Matrix Composites. Key Engineering Materials Vols. ,1995,104−107: 495−506.

[21] Vaidya R U, Chawla K K. Thermal Expansion of Metal−matrix Composites. Composites Science and Technology,1994,50: 13−22.

[22] 张小农. 金属基复合材料界面层阻尼功能研究. 中国科学(E),2002, (32)1: 14−19.

[23] Toenly N J. Residual Stresses in Particulate Reinforced Metal Matrix Composites. Proceeding of ICCM-10, Canada,1995: 385−392.

[24] 张修庆. 镁基复合材料的阻尼性能研究. 铸造,2004, 153(13): 176−178.

[25] 李淑波. AZ91 合金和 SiCw/AZ91 复合材料的高温压缩变形行为. 哈尔滨:哈尔滨工业大学,2005.

[26] Eric Maire, Catherine Verdu, Gérard Lormand,et al. Study of the damage mechanisms in an OSPREYTM Al alloy−SiCp composite by scanning electron microscope in situ tensile tests. Materials Science and Engineering,1995,A196:135−144.

[27] Zhou Wei,Hu Wenbin,Zhang Di. Metal−matrix interpenetrating phase composite and its in situ fracture observation. Materials Letters,1999,40:156−160.

[28] Agrawal Parul Sun C T. Fracture in metal−ceramic composites. Composites Science and Technology, 2004,64:1167−1178.

[29] Li B S,Shang J L ,Guo J J,et al. In situ observation of fracture behavior of in situ TiBw/Ti composites. Materials Science and Engineering,2004,A383:316−322.

第 4 章　SiCp/AZ91 复合材料高温压缩的变形机制和显微组织

4.1　引　　言

　　镁合金在室温时变形比较困难,加入 SiCp 后进一步降低了基体的塑性,所以高温变形是镁基复合材料塑性变形的主要方法,也是镁基复合材料应用研究必须解决的关键问题。另外,对于搅拌铸造镁基复合材料必须采用热变形来消除铸态材料固有的缺陷。压缩变形是能够揭示复合材料塑性变形行为最简单的常用变形方式之一,可以揭示镁基复合材料变形机理,是各种塑性变形工艺的理论基础。可根据复合材料的压缩变形工艺的研究来总结经验,为进一步指导复合材料热挤压、锻造等变形工艺提供依据。

　　对于变形过程中颗粒对基体显微组织的影响,在铝基复合材料开展了广泛的研究,但是在镁基复合材料中这方面的研究很少。Al 和 Mg 合金的晶体结构和层错能不同,导致了它们的变形机制不同。Al 合金在变形过程中以变形和回复组织为主要特征,而在镁合金以 DRX 为主要特征。因此,研究颗粒对镁合金基体 DRX 的影响具有重要的理论意义。特别是利用搅拌铸造工艺可以制备低体积分数的镁基复合材料的特点研究颗粒及其"项链状"颗粒分布对基体的变形机制和显微组织的影响更加有意义。

　　因此,本章将考察 SiCp/AZ91 镁基复合材料的高温单向压缩变形行为,揭示搅拌铸造镁基复合材料高温变形机理。研究 SiCp/AZ91 复合材料在高温压缩过程中的组织演变规律,进而揭示颗粒对 SiCp/AZ91 复合材料动态再结晶过程的影响机制。

4.2　SiCp/AZ91 复合材料的压缩工艺参数

　　选用的材料主要为 $10\mu m 10\% SiCp/AZ91$ 复合材料。为了研究压缩温度和应变速率对 $10\mu m 10\% SiCp/AZ91$ 复合材料压缩变形的影响,在应变量固定为0.5 条件下,采用了 4 个压缩温度(250℃、300℃、350℃和400℃),并在每个压缩温度下采用 4 个应变速率(0.001s⁻¹、0.01s⁻¹、0.1s⁻¹和 1s⁻¹)进行试验。压缩试样变形后的宏观形貌如图 4-1 所示。在 250℃和 300℃时,所有的压缩试样都产生了裂纹,特别是在压缩温度为 250℃时裂纹较严重。但是当压缩温度升高到350℃和 400℃时,在较低的应变速率下压缩试样没有产生裂纹,但是在高应变速率时压缩试样也产生了裂纹。在 250~400℃温度区间内虽然有裂纹产生但是没有试样发生彻底断裂,说明在此温度区间复合材料的变形能力较好,但是SiCp/AZ91 复合材料应该更适合采用高温低应变速率的变形工艺。

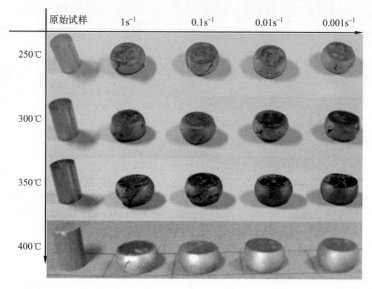

图 4-1　10μm 10%SiCp/AZ91 复合材料在不同工艺参数下压缩后的宏观形貌

4.3　SiCp/AZ91 复合材料的压缩应力—应变曲线

4.3.1　温度对压缩应力—应变曲线的影响

压缩温度对 SiCp/AZ91 复合材料应力—应变曲线的影响如图 4-2 所示。从图中可见,在高应变速率和低应变速率下,复合材料应力—应变曲线随温度的变化规律一致,复合材料的最大流变应力和稳态流变应力都随着压缩温度的升高而降低。对于每一条应力—应变曲线,在变形的初始阶段应力随着应变而迅速增大,这是弹性变形阶段;随后应力随应变缓慢增大并达到一个峰值应力,这个过程中加工硬化起主导作用;继续增加应变,应力随着应变的增加而降低,这个阶段加工硬化的作用逐渐减弱而 DRX 引起的软化作用逐渐加强;最后进入一

106

个稳态的流变应力阶段,即流变应力随应变的变化很缓慢的阶段,这个阶段是由于加工硬化和软化作用保持动态平衡的结果。

复合材料的流变应力随着压缩温度升高而降低的主要原因可归结于以下两方面。首先,随着压缩变形温度的升高,镁合金的基面、柱面和锥面滑移所需临界剪切应力下降,特别是柱面和锥面的临界剪切应力下降非常明显,这样镁合金变形抗力就会变小,而且由于位错的可动性增强,基体中的加工硬化现象和位错塞积变弱,同时温度升高,基体材料的动态回复和DRX容易发生,这些都会导致SiCp/AZ91复合材料的最大压缩流变应力下降。其次,复合材料在变形过程中,基体所受应力要通过颗粒和基体的界面传递给颗粒,使颗粒承受载荷,对基体起到增强效果。因此,颗粒和基体界面结合强度一定会影响到复合材料在变形过程中基体向颗粒传递载荷的能力。随着压缩温度的升高,颗粒和基体间界面结合强度由于基体本身强度下降也会相应的减弱,基体向颗粒传递载荷的能力下降,颗粒受到的切变抗力显著降低,颗粒在复合材料中的增强效果也就会随着压缩温度升高逐渐弱化。因此,两个方面共同作用使得复合材料的压缩流变应力随着温度升高而逐渐降低。

如图4-2所示,压缩峰值应力对应的应变也随着压缩温度的升高而减小,也就是加工硬化阶段缩短了,且当压缩温度为400℃时,几乎没有出现加工硬化阶段。对于镁合金及其复合材料,峰值应力的出现是由于位错堆积造成的加工硬化和DRX软化共同作用的结果。压缩变形初始阶段,由于变形量小而没有达到DRX的临界变形量,位错就会发生塞积,这时加工硬化占主导作用;随着应变的增加,DRX开始发生,但是这个阶段加工硬化效果还是大于DRX

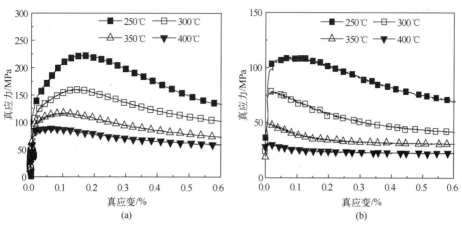

图4-2 复合材料在不同温度下的压缩真应力—真应变曲线

(a) $\dot{\varepsilon}=1\mathrm{s}^{-1}$;(b) $\dot{\varepsilon}=0.001\mathrm{s}^{-1}$。

所引起的软化效果;加工硬化的效果逐渐减弱,DRX 所引起的软化效果逐渐的加强,这样就会导致压缩应力的逐渐下降,最后加工硬化和软化作用达到平衡,出现稳态流变阶段。压缩温度升高,镁合金基体发生 DRX 的临界变形量变小,同时晶界也更容易发生滑移,所以峰值应力所对应的应变随着温度的升高而减小。

4.3.2 应变速率对压缩应力—应变曲线的影响

图 4-3 显示了压缩温度为 300℃ 和 400℃ 时不同应变速率下复合材料的压缩真应力—真应变曲线。由图可见,在高温和低温下,压缩真应力—真应变曲线随温度的变化规律一致。复合材料的最大流变应力和稳态流变应力都随着应变速率的升高而升高,这说明 SiCp/AZ91 复合材料具有应变速率敏感性。流变应力和应变速率之间的位错动力学关系为

$$\dot{\varepsilon} = m\rho bv \qquad (4-1)$$

$$v = A\sigma^m \qquad (4-2)$$

式中:$\dot{\varepsilon}$ 为应变速率;m 为常数(通常为平均的 Schmid 因子);ρ 为可动位错的密度;b 为柏氏矢量;v 为位错运动的平均速率。

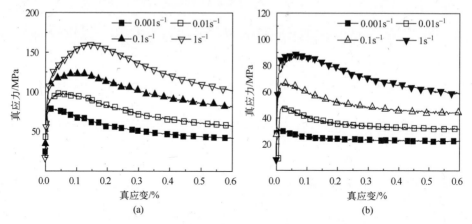

图 4-3 复合材料在不同应变速率下真应力—真应变曲线
(a) 300℃;(b) 400℃。

由式(4-1)和式(4-2)可知,若应变速率 $\dot{\varepsilon}$ 的增加,则需要可动位错的运动速率增大,进而需要更大的外加应力。应变速率较大导致复合材料在较短的时间内发生相对较大的变形,产生大量的位错塞积,也使得基体的 DRX 没有时间充分完成,导致复合材料基体的位错密度较高,因此基体的强度较高,同时由于变形速率较快,颗粒与基体的塑性变形更难协调,颗粒严重阻碍了基体塑性变

形。所以,复合材料的流变应力会随着应变速率增加而变大。

4.4　高温压缩变形的真激活能及变形机制

4.4.1　真激活能的计算

金属材料的高温变形可能包括几个基本过程,每个过程均要克服一定的势垒才能完成,这个势垒就是该过程的激活能。复合材料的高温压缩变形和高温蠕变过程一样,均是热激活的过程,其特点之一就是应变速率受热激活过程控制。纯金属或简单合金高温变形的应变速率、温度和流变应力之间服从阿伦尼乌斯关系:

$$\dot{\varepsilon} = A\sigma^n \exp\left(-\frac{Q_a}{RT}\right) \tag{4-3}$$

式中:A 为无量纲常数;σ 为流变应力,本书取真应变为 0.2 时所对应的应力,主要是为了避免材料产生裂纹;n 为应力因子,$n = 1/m$,m 为应变速率敏感因子;Q_a 为表观激活能;R 为气体常数;T 为变形温度。

对于复杂合金和金属基复合材料,由于存在位错运动的阻碍物,计算所得的表观激活能不能真实地反映材料的变形机制。绝大多数研究人员认为复合材料在变形过程中存在一个门槛应力 σ_0,我们观察到的变形不是由外加应力 σ 所驱动,而是由有效应力($\sigma - \sigma_0$)来完成。因此,对于复合材料而言,式(4-3)应修改为

$$\dot{\varepsilon} = A'\left(\frac{\sigma - \sigma_0}{G}\right)^n \exp\left(-\frac{Q}{RT}\right) \tag{4-4}$$

式中:A' 为一个常量;G 为剪切模量;Q 为变形的真激活能。

利用式(4-4)计算复合材料变形的激活能的第一步是确定门槛应力 σ_0。确定 σ_0 的一种方法是标准线性插补法(Standard Linear Extrapolation Method)。线性插补法假设高温变形数据满足式(4-4),并且门槛应力值取决于外加应力 σ。那么,在每一个变形温度下,$\dot{\varepsilon}^{1/n}$ 和 σ 之间满足直线关系,应变速率为 0 时所对应的流变应力值即为在此温度下的门槛应力值 σ_0。n 值通过作 $\dot{\varepsilon}^{1/n}$ 和 σ 之间的关系图获得,最合适的 n 值是使得 $\dot{\varepsilon}^{1/n}$ 和 σ 之间获得最好的线性拟合。对于复合材料而言 n 值一般选择 2、3、5 和 8,并且各个 n 值对应着不同的变形机制。图 4-4 是取不同 n 值时本书压缩数据的 $\dot{\varepsilon}^{1/n}$ 和 σ 之间的关系图。由图可见,当 n 为 5 和 8 时,$\dot{\varepsilon}^{1/n}$ 和 σ 之间的线性关系最好,所以 n 值为 5 或者 8。但是从图 4-4(d) 可见,当 $n = 8$ 时,获得门槛应力小于 0,但是门槛应力不可能为负值,

所以 n 值不可能为 8。所以在本书 SiCp/AZ91 复合材料高温压缩过程中的 n 值为 5。图 4-5 是采用 $n=5$ 作 $\dot{\varepsilon}^{1/n}$ 和 σ 之间的直线拟合图,直线的截距即为门槛应力值。由图可见,250℃、300℃、350℃ 和 400℃ 各个温度所对应的门槛应力值分别为 44、29、12 和 10MPa。

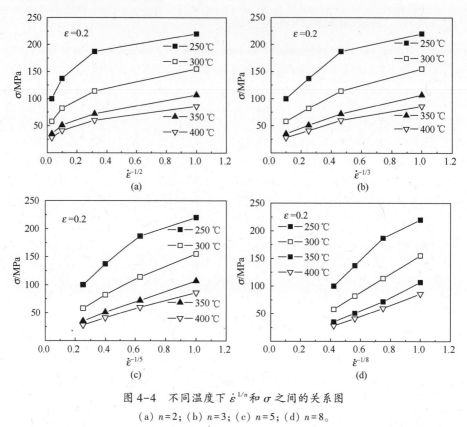

图 4-4　不同温度下 $\dot{\varepsilon}^{1/n}$ 和 σ 之间的关系图
(a) $n=2$;(b) $n=3$;(c) $n=5$;(d) $n=8$。

获得各个温度下的门槛应力值以后就可以计算出复合材料高温压缩变形的真激活能,对式(4-4)进行对数变换,得

$$\ln\left(\frac{\sigma-\sigma_0}{G}\right) = \frac{Q}{nR} \times \frac{1000}{T} - \frac{1}{n}\ln A' + \frac{1}{n}\ln\dot{\varepsilon} \tag{4-5}$$

类似于求表观激活能,作 $\ln[(\sigma-\sigma_0)/G]$ 和 $1000/T$ 的关系图,拟合直线获得直线的斜率,进而可以求得真激活能。如图 4-6 所示,获得 SiCp/AZ91 复合材料高温压缩变形的真激活能为 91kJ/mol,接近镁合金的晶界扩散激活能 92kJ/mol,这就表明 SiCp/AZ91 复合材料高温压缩变形是由晶界扩散控制的。

根据上面计算的结果,利用门槛应力值就可以对复合材料的压缩变形数据

110

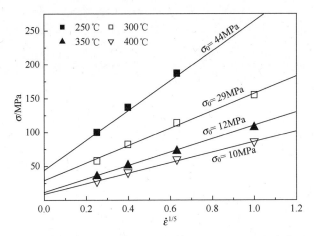

图 4-5 当 $n=5$ 时不同温度下 $\dot{\varepsilon}^{1/n}$ 和 σ 之间的拟合直线图

进行归一化处理。图 4-7 给出模量补偿的有效应力与晶界扩散系数补偿的压缩应变速率在双对数坐标下的关系曲线。复合材料在各个温度下的所有压缩数据都能很好地拟合在一条直线上,直线的斜率非常接近 5,这表明在本书研究的温度-应变速率区间内 SiCp/AZ9 复合材料的高温变形数据可以由位错攀移机制得到满意的解释,并检验了 $n=5$ 正确性。

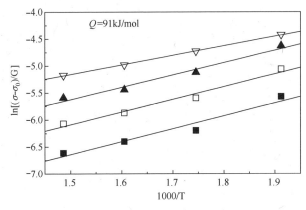

图 4-6 $\ln[(\sigma-\sigma_0)/G]$ 和 1000/T 的关系图

4.4.2 复合材料的高温变形机制

通过计算所得的应力因子 n 和真激活能 Q 可以判断控制复合材料高温变形的物理机制。不同的 n 对应着不同的变形机制,n 为 2、3、5 和 8 时对应的机制分别为晶界滑移(Grain Boundary Sliding)、位错的滑移(Viscous Glide of Dislo-

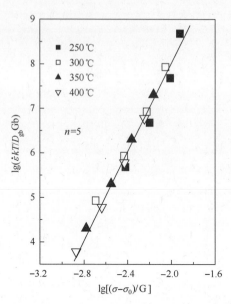

图 4-7 模量补偿的有效应力与扩散系数补偿的应变速率的双对数图

$D_{gb} = 5.0 \times 10^{-12} \exp(-92000/RT)$；柏氏矢量 $b = 3.21 \times 10^{-10}$ m。

cation)、位错的攀移(Climb of Dislocation)和亚结构不变模型机制(a Constant Substructure Model)。通过直线拟合(图4-4)计算和模量补偿的有效应力与扩散系数补偿的应变速率的关系图检验(图4-7),都表明本书复合材料的 n 等于5,这就表明复合材料的高温压缩变形是以位错攀移为控制机制。本书计算所得的真激活能为91kJ/mol,接近镁合金晶界扩散激活能(92kJ/mol),说明本书复合材料的高温压缩变形的控制机制可能是晶界扩散控制的位错攀移机制,即晶界位错攀移机制。但是,属于位错蠕变变形机制的高温变形激活能通常和晶格自扩散激活能相近,镁的晶格自扩散激活能为135kJ/mol,远远大于我们计算的结果。尽管如此,也有很多例子的位错蠕变的激活能为晶格自扩散激活能的50%～60%。Crossland 和 Jones 在含有0.11%(质量分数)MgO 的纯镁中也发现了这个现象。Crossland 和 Jones 研究得出的结论是镁的高温蠕变在 $0.67T_m$(350℃)以下时 $n=5$,变形激活能为92kJ/mol。Hidetoshi Somekawa 等计算所得的 AZ91 高温变形的 $n=5$ 和激活能为96kJ/mol,这和本书的结果相符。值得注意的是,本书高温压缩变形数据分析所得变形机制大体上符合 Hidetoshi Somekawa 等绘制的 Mg-Al-Zn 系合金的变形机制三维图谱,如图4-8所示。在本书中(σ/G)在 $10^{-1.9}$ ～ $10^{-2.9}$ 之间变化,温度在 523～673K 之间变化,所以本书变形参数所属的区域为 Ⅶ 区域,所对应的变形机制是位错攀移机制。

112

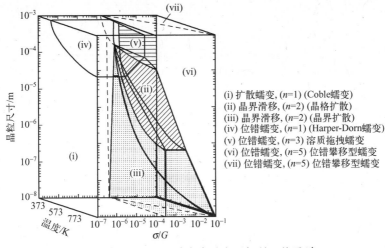

図中：

(i) 扩散蠕变, (n=1) (Coble蠕变)
(ii) 晶界滑移, (n=2) (晶格扩散)
(iii) 晶界滑移, (n=2) (晶界扩散)
(iv) 位错蠕变, (n=1) (Harper-Dorn蠕变)
(v) 位错蠕变, (n=3) 溶质拖拽蠕变
(vi) 位错蠕变, (n=5) 位错攀移型蠕变
(vii) 位错蠕变, (n=5) 位错攀移型蠕变

图 4-8　Mg-Al-Zn 系合金的变形机制三维图谱

　　W. D. Nix 等建立了基于晶界位错攀移的蠕变模型(slip band 模型),如图 4-9 所示。这个模型认为晶粒内部的位错滑移在晶界处被晶界阻挡,这就会在晶界上产生剪切作用,使晶界产生应变,导致晶界一些部位产生压应力而另一些部位产生拉应力。这样就会在晶界不同部位之间产生空位浓度差,晶界采用空位流来协调这种应变,晶界上空位运动唯一的方式是位错攀移,通过位错攀移空位将由拉应力区向压应力区扩散(如图 4-9 中 *XY* 箭头所示)。这是一种将位错攀移和扩散蠕变结合起来的物理模型,其特点是蠕变的激活能和晶界扩散激活能相近,应力因子 *n* 为 1~5。本书的试验结果与 slip band 模型比较如图 4-10 所示。图 4-10 是按照 slib band 模型作 $(\dot{\varepsilon}kT)/(D_{gb}Gb^3)$ 和 $(\sigma-\sigma_0)/G$ 的双对数

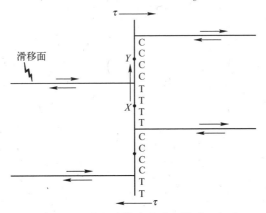

图 4-9　W. D. Nix 建立的晶界位错攀移的蠕变模型示意图(slip band 模型)
C,T—压缩和拉伸应力。

113

图,本书试验数据的斜率非常接近 5。W. D. Nix 等还指出 $n=5$ 时,变形时材料的亚晶尺寸远小于原始晶粒,本章后续试验结果也证实本章变形后的显微组织符合这种特征。这些都说明本书试实验数据能够较好地和 W. D. Nix 等所提出的晶界位错攀移的蠕变模型相吻合,表明本书复合材料的高温变形机制是晶界位错攀移机制,本书的计算结果得到了理论的支持。

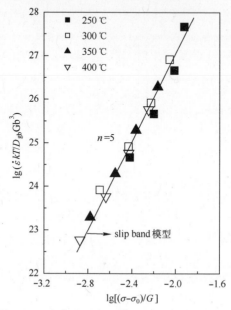

图 4-10 本书试验数据和 slib band 模型相比较

在高温变形时,位错容易在颗粒附近发生塞积。在第 2 章已经研究表明在搅拌铸造 SiCp/AZ91 复合材料中颗粒呈"项链状"分布在晶界上,因此导致位错更容易在晶界附近发生塞积,使得 slip band 更加容易在晶界附近形成,导致复合材料在变形状态更加符合 slip band 模型的条件,这也是本书试验数据和 slip band 模型能够较好吻合的一个重要原因。而且,SiCp 在变形过程中处于刚性状态,能够将所受的剪切作用传递给晶界,同样使得晶界一些部位产生压应力而在另一些部位产生拉应力,同样导致晶界不同部位之间产生空位浓度差,这又满足了 slip band 模型模型另一条件。Humphreys 等研究表明位错运动到颗粒界面后可以沿着颗粒周围发生攀移。为此对有 SiCp 分布的晶界部分,本书修正了 slip band 模型以适合本书复合材料(图 4-11),其他没有 SiCp 分布的晶界部分按照原始模型。在高温压缩时,复合材料基体中的位错运动到晶界处受到晶界或颗粒的阻碍导致在晶界上产生剪切作用,使晶界产生应变,通过晶界位错攀移来协调这种应变,这种位错攀移可能是整个变形过程的控制机制。综上所述,SiCp/

AZ91 复合材料高温压缩变形的控制机制是晶界位错攀移机制。

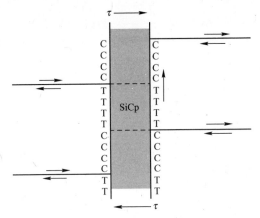

图 4-11　基于有 SiCp 分布的晶界而修正的 slip band 模型

4.4.3　门槛应力和门槛激活能

复合材料高温变形的特点之一是存在一个门槛应力,而且门槛应力随着温度的升高而降低,这个规律在金属基复合材料中普遍存在。

如图 4-12 所示,本书的试验结果也符合这个规律。Han 等计算亚微米 Y_2O_3 颗粒增强镁基复合材料的高温压缩变形的门槛应力值远大于本书的计算

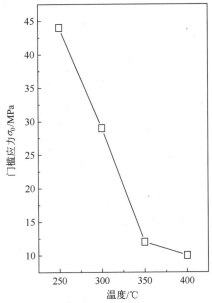

图 4-12　门槛应力随温度变化关系图

结果,这主要是由于 Han 等所研究的复合材料的增强体尺寸较小,而且颗粒的体积分数是本书复合材料的 3 倍。但是本书计算的门槛应力值和 M. Mabuchi 等计算 $Mg_2Si/Mg-Al$ 复合材料的相应温度下的门槛应力值很接近。对于门槛应力的物理起源机制有几种可能的模型,如 Orowan 应力模型(Orowan Stress Model)、局部攀移模型(Local Climb Model)、整体攀移模型(General Climb Model)和分解模型(Detachment Model)。各个模型之间都与 Orowan 应力模型之间存在一定的换算关系,Orowan 应力如式(4-6)所示:

$$\sigma_{or} = M \frac{0.4Gb\ln(\bar{d}/b)}{\pi\bar{\lambda}\sqrt{1-\nu}} \tag{4-6}$$

式中:M 为基体的平均取向因子(对铸态和挤压态镁合金 $M = 6.5$);$\bar{d}$ 为平均颗粒尺寸;ν 为基体的泊松比;$\bar{\lambda}$ 为位错运动障碍物的平均间距。

在高温压缩后的复合材料中,能够观察到细小的第二相颗粒和位错之间的相互作用,如图 4-13 所示。这就说明本书复合材料门槛应力的起源除了和 SiCp 有关外,还有可能与基体中细小第二相颗粒对位错运动的阻碍作用有关。除了基体合金中的第二相可能阻碍位错运动外,在材料制备过程中不可避免地会生成一些细小的氧化物,这些氧化物也能阻碍位错的运动,也可能成为门槛应力产生的根源。从式(4-6)可知,要计算 Orowan 应力必须知道位错运动障碍物的大小和平均间距,但是在本书所采用的复合材料中很难获得这些方面比较准确的数据,所以不能利用这些模型进行准确的分析,导致不能确定复合材料门槛应力的起源。

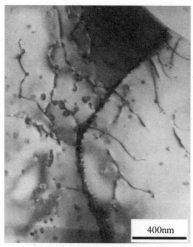

图 4-13 基体中的第二相和位错之间的交互作用

在铝基复合材料中,Mohamed 等建立一个半经验的阿伦尼乌斯关系式,即

$$\frac{\sigma_0}{G} = B\exp\left(\frac{Q_0}{RT}\right) \qquad (4-7)$$

式中:B 为常数;Q_0 与位错和障碍物之间的结合能有关,但是具体的意义到目前为止还没有很好的理解,可称为门槛激活能。在铝基复合材料中,Q_0 的变化范围很窄,为 19~28kJ/mol,这些值和位错在滑移面上与杂质原子的结合能相近。本书计算所得的门槛应力也能比较好的符合式(4-7),并计算得到 Q_0 等于 12.8kJ/mol,如图 4-14 所示。这和 Han 等计算镁基复合材料的门槛激活能为 11kJ/mol 很接近,但是和 Yong Li 等人得到的门槛激活能 19kJ/mol 差距比较大。由于对于镁合金及其复合材料缺少相关的数据,所以不能确定本书计算所得到的门槛激活能可能具有的物理含义。

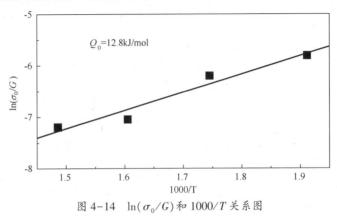

图 4-14　$\ln(\sigma_0/G)$ 和 $1000/T$ 关系图

4.5　高温压缩过程中复合材料的显微组织演变

SiCp/AZ91 复合材料在高温压缩过程中基体和颗粒都会发生变化,并且颗粒会影响基体高温变形的显微组织,本节将研究压缩变形工艺参数对颗粒和基体显微组织的影响。这里需要特别说明的是,单向压缩变形时压缩试样不同部位的变形量不同,所以必须观察各个压缩试样的同一个部位的显微组织才具有比较的意义。为此,本书在没有特别说明的情况下,取样观察部位都是平行或垂直于压缩方向上试样的中心部位。

4.5.1　压缩变形对 SiCp 的影响

单向压缩变形时,试样的不同部位的变形量是不一样的,为此本书研究了高温压缩后试样不同部位的颗粒分布,如图 4-15 所示。由图可见,在平行于压缩

方向上,从压缩试样的心部逐渐向边缘部位,颗粒的分布逐渐变得不均匀,颗粒的定向排布也越来越弱。在试样边缘部分,颗粒仍保持着铸态复合材料那种"项链状"颗粒分布,如图 4-15(d)所示;而在压缩试样的心部,铸态复合材料的"项链状"颗粒分布基本上被消除,如图 4-15(b),说明变形量从压缩试样边缘到心部逐渐变大,同时也说明高温压缩变形能够改善铸态复合材料的颗粒分布。

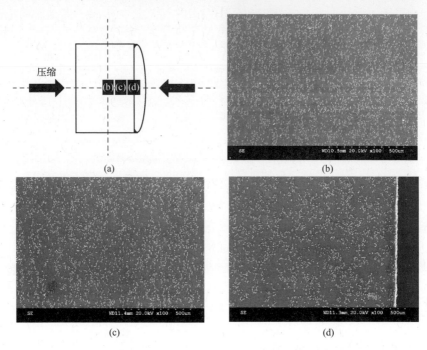

图 4-15　平行于压缩方向压缩试样不同部位的颗粒分布 ($400℃$,$0.01s^{-1}$)
(a)取样部位;(b)、(c)、(d)是(a)中所示部位的 SEM 照片。

　　压缩温度对压缩后的颗粒分布也有重要影响。图 4-16 是应变速率为 $0.1s^{-1}$ 压缩温度为 $250℃$ 和 $400℃$ 时压缩试样心部平行于压缩方向的颗粒分布状况,这和图 4-15(b)所观察的位置相对应。比较图 4-16(a)和(b)可见,压缩温度越高颗粒分布越均匀,"项链状"颗粒分布越不明显。这是由于压缩温度越高,基体强度较低,变形过程中基体流动性较好,导致颗粒在变形过程中容易发生运动,同时基体也更容易进入颗粒之间的区域,因此有利于改善颗粒分布。并且温度越高,颗粒沿着垂直于压缩方向的定向排布也越明显。这也是由于高温时基体较软,颗粒容易在基体中转动,从而颗粒定向排布比较明显。比较图 4-15(b)和图 4-16(b)可知,应变速率对颗粒分布和定向排布影响较小。而对于晶须和纤维增强的复合材料,应变速率越小越有利于增强体的定向排布。晶须和纤维的长径比较大,因此在

118

变形时转动比较困难,但是本书所采用的 SiC 颗粒长径比较小(一般不大于3),在变形时容易发生转动,所以晶须和纤维的定向排布受应变速率影响较大而颗粒受影响不明显。颗粒的均匀分布和定向排布都有利于提高复合材料的力学性能,因此搅拌铸造 SiCp/AZ91 复合材料适合采用较高的变形温度。

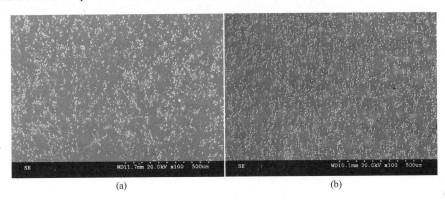

(a)   (b)

图 4-16　平行于压缩方向压缩试样心部的颗粒分布

(a) 250℃,0.1s^{-1};(b) 400℃,0.1s^{-1}。

4.5.2　应变速率对基体显微组织的影响

图 4-17 为复合材料在压缩温度为 250℃,应变速率分别为 0.1s^{-1} 和 0.001s^{-1}工艺下压缩后的光学显微组织。由图 4-17(a)和(c)可见,当应变速率为 0.1s^{-1}时,复合材料中未观察到再结晶组织,可以观察到基体中的孪晶组织;但是当应变速率为 0.001s^{-1}时,在颗粒偏聚的晶界处有 DRX 晶粒形成,图 4-17(b)中灰色区域为再结晶区域(如图中箭头所示),图 4-17(d)为再结晶区域的放大图,可见再结晶晶粒较小而且形状不规则。图 4-18 为图 4-17 相同工艺参数下压缩后试样中颗粒附近的 TEM 显微组织。由图可见,当应变速率为 0.1s^{-1}时,颗粒附近有孪晶形成,而且孪晶内位错密度较高,在颗粒附近没有发现再结晶的小晶粒,这和光学显微组织观察结果吻合;但是当应变速率为 0.001s^{-1}时,颗粒附近有再结晶小晶粒形成,晶粒尺寸小于 1μm,而且再结晶晶粒中位错密度较高,这说明虽然在压缩过程中发生了 DRX,但是只是处于 DRX 的初始阶段。这就更有力地说明在 250℃时,在高应变速率下基体中没有发生 DRX,在低应变速率下复合材料中发生了 DRX。可见,应变速率对复合材料的显微组织有重要影响,低应变速率有利于 DRX 的发生。

图 4-19 为复合材料在 300℃压缩后的垂直于压缩方向的光学显微组织。与 250℃不同的是,在高、低应变速率下复合材料在压缩过程中都部分地发生了 DRX,但是低应变速率下 DRX 区域所占比例比高应变速率时高,说明低应变速

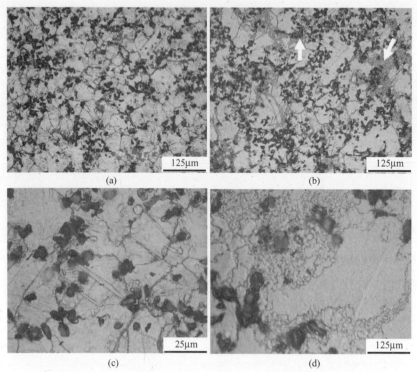

(a)   (b)

(c)   (d)

图 4-17   复合材料在 250℃ 压缩后的垂直于压缩方向光学显微组织

(a) $0.1s^{-1}$；(b) $0.001s^{-1}$；(c) 和 (d) 是 (a) 和 (b) 各自的进一步放大。

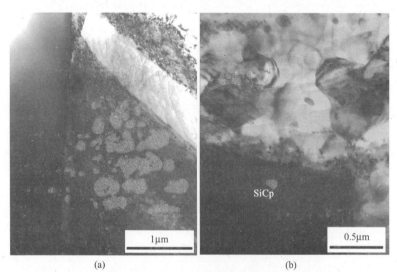

(a)   (b)

图 4-18   复合材料在 250℃ 压缩后的颗粒附近的 TEM 显微组织

(a) $0.1s^{-1}$；(b) $0.001s^{-1}$。

率有利于 DRX 的发生。图 4-20 为图 4-19 相同工艺参数的压缩试样中颗粒附近的 TEM 显微组织。由图可见,当应变速率较大(0.1s^{-1})时,颗粒附近虽然有少量亚微米的再结晶晶粒形成,但是颗粒附近还有残余的孪晶存在,这就说明在颗粒附近还保留着部分变形组织,DRX 在颗粒附近才刚开始;但是当应变速率较小(0.001s^{-1})时,颗粒已经完全被 DRX 晶粒包围,再结晶晶粒的尺寸大约为高应变速率时的两倍,而且晶粒内部的位错密度较低,这就说明在低应变速率下颗粒附近区域再结晶已经很充分。综上所述,应变速率对复合材料的 DRX 过程有重要影响。这是因为再结晶的形核和长大都需要时间,即再结晶的发生需要一定的孕育期。在 250℃ 高应变速率时,压缩变形过程仅仅持续 5s,再结晶晶核来不及形成,但是低应变速率时,整个压缩变形过程持续 500s,因此有足够的时间让再结晶晶核形成和长大。而当压缩温度为 300℃ 时,由于温度的升高,再结晶孕育期大大缩短,在高应变速率下再结晶也能够发生,当应变速率较小时再结晶晶粒有充分的时间形核和长大,所以再结晶在低应变速率时进行得更充分。这与压缩应力—应变曲线的峰值应力和峰值应力所对应的真应变随着应变速率的减小而减小是一致的,如图 4-3(a)所示。

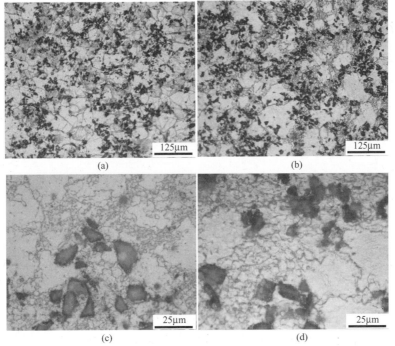

(a)   (b)

(c)   (d)

图 4-19　复合材料在 300℃ 压缩后的垂直于压缩方向光学显微组织

(a) 0.1s^{-1};(b) 0.001s^{-1};(c) 和 (d) 是 (a) 和 (b) 各自的进一步放大。

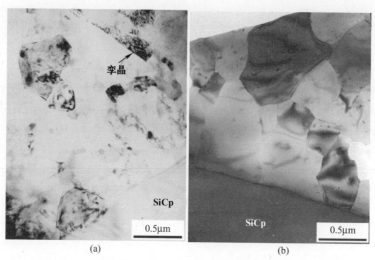

图 4-20　复合材料在 300℃ 压缩后颗粒附近的 TEM 显微组织

(a) $0.1s^{-1}$；(b) $0.001s^{-1}$。

　　应变速率不仅对复合材料基体 DRX 有影响，而且对基体的位错和孪晶也有重要影响。图 4-21 为压缩温度为 300℃，应变速率分别为 1 和 $0.01s^{-1}$ 时基体中的孪晶组织的 TEM 形貌。如图 4-21(a)所示，当应变速率较大时，孪晶层片厚度比较大，平均为 $1\mu m$ 左右，而且出现了二次孪晶，这是由于应变速率较大时，加工硬化率较大和应力集中严重，这样就容易导致二次孪晶的出现，即孪晶层片内部出现层片厚度较小的孪晶，但随着应变速率的降低，加工硬化率变小，孪晶

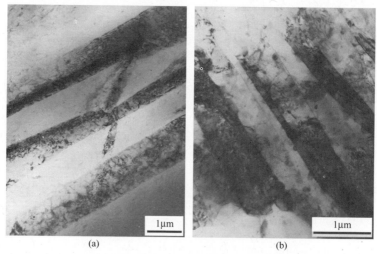

图 4-21　复合材料在 300℃ 压缩后孪晶形貌

(a) $1s^{-1}$；(b) $0.01s^{-1}$。

层片厚度变小,所以二次孪晶不容易形成,如图4-21(b)所示。因为二次孪晶在初始孪晶中横向的产生,所以二次孪晶尺寸小于初始孪晶。研究表明二次孪晶的产生是由位错滑移和{$10\bar{1}2$}<$\bar{1}011$>与{$10\bar{1}1$}<$10\bar{1}\bar{2}$>孪生共同作用的结果,同时导致位错滑移也由基面滑移开始向非基面滑移转变。

镁合金由于能够开动的位错滑移系较少,所以孪生也成为镁合金变形的一种重要方式。孪生变形时,切变均匀分布在孪生区域内的每一个原子面上,其中每一对相邻原子面的相对位移量都是相等的。变形过程中镁合金中常见的孪晶面为{$10\bar{1}2$},孪生方向为{$10\bar{1}1$}。也有研究发现在镁合金的压缩变形过程中有{$10\bar{1}\bar{1}$}-{$10\bar{1}\bar{2}$}双孪晶形成。一般而言,孪生所引起的晶体变形量并不大,它对镁晶体变形的影响与滑移相比只占次要地位,一般不超过10%。孪生对变形的影响并不限于其本身对变形的贡献,孪生还可以改变滑移方向,从而使得滑移继续进一步进行。所以孪生对镁合金的塑性变形起辅助作用。

4.5.3 压缩温度对基体显微组织的影响

在压缩过程中,除了应变速率对基体的显微组织有重要影响外,另一个重要因素就是压缩温度,而且基体的显微组织对温度是最为敏感的。图4-22为复合材料在应变速率为0.001s^{-1}时不同温度下的光学显微组织。由图4-17(b)和4-19(b)可见,压缩温度为250℃和300℃时,DRX发生不完全,但是300℃时DRX区域所占的体积分数大于250℃所占体积分数;当压缩温度为350℃时,复合材料的DRX已经基本完成,铸态复合材料粗大的晶粒(图2-19)被DRX小晶粒所取代,平均晶粒大小为5μm,如图4-22(a)和(c)所示;当升高温度到400℃时,发现复合材料中的DRX晶粒为大小不均匀的等轴状晶粒,平均晶粒大小为15μm,远小于铸态复合材料的晶粒,说明复合材料在压缩变形时DRX晶粒长大非常明显,如图4-22(b)和(d)所示。综上所述,压缩温度对复合材料DRX有显著影响。镁由于层错能比铝小,所以不易发生交滑移,同时由于可开动的滑移系比较少,所以镁合金在热变形过程中位错多边化不能像铝合金中那样容易进行,而是以DRX组织为主。图4-23为应变速率为0.01s^{-1}时在300℃和350℃压缩时DRX组织的典型TEM形貌。由图可见,压缩温度为300℃时,DRX晶粒较小,有些晶粒为亚微米级,晶粒形状不规则,而且还存在没有被再结晶组织消耗的残余孪晶组织,有些小晶粒内部位错密度高,这就说明DRX还处于初始阶段;但是当压缩温度为350℃时,DRX晶粒形状为等轴状,晶粒明显大于300℃压缩后的DRX晶粒,而且在晶粒内部未观察到较高密度的位错,这就说明350℃时复合材料DRX程度较300℃时更加充分,这就进一步证明SiCp/AZ91复合材料的DRX对压缩温度非常敏感。

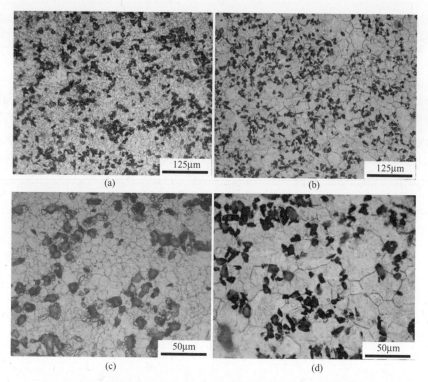

图 4-22　复合材料在不同温度下压缩的光学显微组织($\dot{\varepsilon}=0.001s^{-1}$)

(a) 350℃；(b) 400℃；(c)和(d)是(a)和(b)各自的进一步放大。

基体发生 DRX 存在一个临界变形量,当变形量小于临界变形量时 DRX 不能够发生。临界变形量对温度很敏感,一般来说,温度越高,发生 DRX 的临界变形量越小。所以在相同的变形量和应变速率下,温度越高再结晶越容易发生。这可以从压缩真应力—应变曲线上清楚地反映出来(图 4-2),温度越高,峰值应力所对应的应变越小,这就说明温度越高发生 DRX 的所需的临界应变量越小。因此,高温压缩时 DRX 晶核容易形成且晶核的长大时间也增加,导致了再结晶晶粒较大。同时,再结晶晶核的形成与长大都需要原子的扩散。随着温度升高,镁合金中镁原子的扩散速度加快,有利于再结晶的发生,而且只有当变形温度高到足以激活原子使其能够进行迁移时,再结晶过程才能进行,所以温度越高复合材料基体中的再结晶程度越高。

温度不仅对复合材料基体的 DRX 有重要影响,对基体中的位错和孪晶也有重要影响。图 4-24 为应变速率为 0.1s^{-1} 时温度为 300℃和 350℃的压缩试样中的孪晶形貌。由图可见,在压缩温度为 300℃时,孪晶界尖锐而清晰,孪晶中位错密度比较高;当压缩温度升高到 350℃,孪晶界变得模糊,并且孪晶也变得不

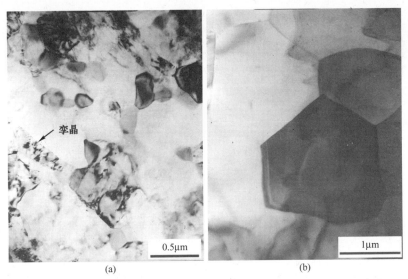

图 4-23　复合材料不同温度压缩后的动态再结晶组织($\dot{\varepsilon} = 0.01 \mathrm{s}^{-1}$)

(a) 300℃；(b) 350℃。

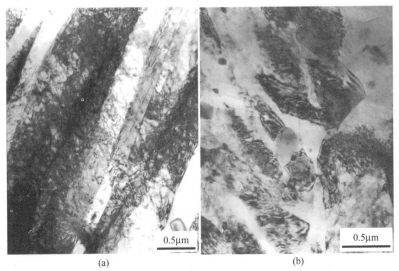

图 4-24　不同温度压缩后复合材料基体中的孪晶形貌($\dot{\varepsilon} = 0.1 \mathrm{s}^{-1}$)

(a) 300℃；(b) 350℃。

连续,这说明在350℃变形时孪晶发生了回复或再结晶。图4-25为不同温度下压缩后基体中的位错组态。由图可见,在250℃时,位错密度较高,位错缠结比较严重,这是由温度较低时位错的可动性较差所致;当温度升高到300℃时,位错密度和塞积程度都有所下降;进一步升温到350℃,位错可动性加强,位错发

125

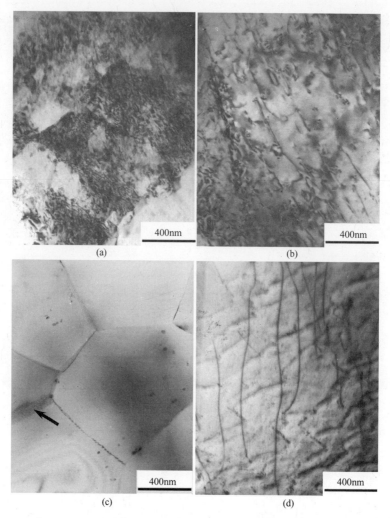

图 4-25　不同温度下压缩后复合材料中的位错组态($\dot{\varepsilon}=0.1s^{-1}$)
(a) 250℃；(b) 300℃；(c) 350℃；(d) 400℃。

生规则排列(如图中箭头所示),形成多边化结构,导致小角晶界和亚晶形成,如图 4-25(c)所示;最后升温到 400℃时,DRX 已经发生完全,位错密度较低,只能够观察到少许的位错。

4.6　颗粒对基体显微组织的影响

4.5 节分别讨论了基体和颗粒压缩后的显微组织的变化,本节将结合 4.5

126

节的内容研究在压缩过程中颗粒对基体显微组织的影响。在铝基复合材料中发现:对于直径大于1μm的颗粒,位错将会在颗粒附近发生塞积,这样在颗粒周围就会形成颗粒变形区,这个区域是再结晶形核和长大的理想位置。镁合金在变形过程中很容易发生DRX,导致在高温变形过程中很难观察到PDZ中的位错塞积,但是能观察到PDZ中发生DRX后的状态。图4-26为压缩温度为300℃,应变速率为0.001s^{-1}时平行于压缩方向的光学显微组织照片,图中箭头所指的灰色区域为DRX区域(图4-20的TEM结果已经证实了这一点)。和图4-19(b)一样,DRX优先在颗粒附近区域发生,这就说明颗粒能够诱发DRX。图4-18(a)中观察到颗粒附近的孪晶且孪晶中位错密度较高,说明颗粒能够在变形过程时引起位错塞积和应力集中。为了进一步观察颗粒附近PDZ中在发生DRX前的显微组织,利用TEM对室温压缩变形的复合材料进行了观察。如图4-27(a)所示,位错在颗粒附近发生塞积,导致位错密度较高,在颗粒附近存在大量的孪晶,而且孪晶很不规则,并且孪晶中的位错密度较高,如图4-27(b)所示。

图4-26　复合材料压缩后平行于压缩方向的光学显微组织(300℃,0.001s^{-1})

(a)低倍放大;(b)高倍放大。

这些表明在颗粒附近应力集中和基体的畸变都很严重,表明PDZ也能够在镁合金基体中形成,在高温变形时颗粒附近区域是DRX的优先形核部位。因此,在高温压缩时,DRX优先在颗粒附近发生,颗粒被细小的DRX所包围,而其他区域则以变形组织为主,如图4-19、图4-20和图4-26所示。

在搅拌铸造的复合材料中,颗粒偏聚在基体的晶界附近,呈"项链状"分布。这种颗粒分布势必对复合材料的DRX过程产生重要影响。如图4-17、图4-19和图4-26所示,DRX都优先在颗粒偏聚的晶界附近发生。随着DRX的进一步发展,DRX区域由颗粒偏聚的晶界区域向晶粒内部发展。为了更好地观察复合材料在高温压缩变形时的DRX过程,在和图4-26中试样压缩温度和应变速率

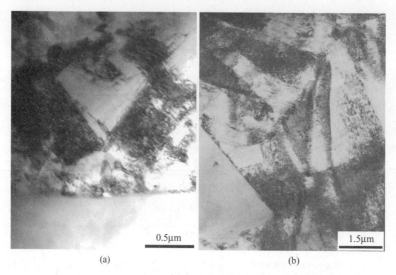

(a)   (b)

图 4-27　室温压缩后复合材料中颗粒附近的 TEM 显微组织
(a) 位错缠结；(b) 位错和孪晶。

相同的条件下(300℃,0.001s^{-1}),将变形量加大为 0.75,其平行于压缩方向的光学显微组织如图 4-28 所示。和变形量为 0.5 相比可见(图 4-26),变形量加大到 0.75 后复合材料中 DRX 区域所占比例变大,即 DRX 进行的程度加深了,DRX 进一步由颗粒偏聚区域向原始晶粒内部扩展,没有发生 DRX 的区域仍是晶粒内部区域。所以搅拌铸造的镁基复合材料的"项链状"颗粒分布决定了复合材料的 DRX 机制为"项链状"再结晶机制,其再结晶机制如图 4-29 所示。为了简化模型,图 4-29 中假设颗粒在变形过程中不发生变化,类似于垂直于压缩方向上的颗粒变化情况。由图 4-29 (a)可见,复合材料中颗粒主要分布在晶界

(a)   (b)

图 4-28　压缩量为 0.75 的复合材料平行于压缩方向的光学显微组织(300℃,0.001s^{-1})
(a) 低倍放大；(b) 高倍放大。

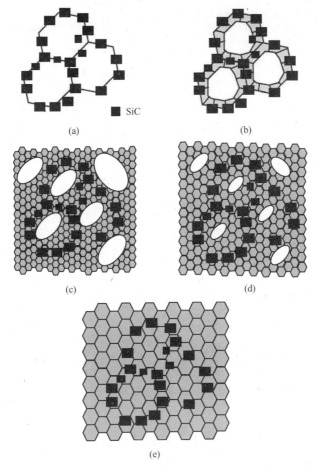

图 4-29   SiCp/AZ91 复合材料在高温压缩时"项链状"DRX 机制示意图
(a)颗粒沿晶界分布;(b)PDZ 沿晶界形成;(c)PSN 导致 DRX 优先在原始晶界发生;
(d)DRX 有晶界向晶内扩展;(e)DRX 完成。

上;在变形过程中,位错在颗粒附近塞积形成 PDZ,如图 4-29(b)所示;随着变形量的加大,DRX 晶粒在晶界上分布的 SiCp 周围优先形成,形成一种"项链状"再结晶组织,如图 4-29(c)所示;进一步加大变形量,DRX 晶粒逐渐吞噬晶粒内部区域,DRX 区域向晶粒内部扩展,如图 4-29(d)所示;随着 DRX 的进行,最后整个原始铸态晶粒都被 DRX 组织取代,如图 4-29(e)所示。这种"项链状"再结晶机制在镁合金中也能观察到,称为旋转 DRX 机制,并认为这种再结晶机制和镁合金的连续 DRX 机制有关[33]。镁合金中连续 DRX 机制的发生是由于晶界对位错的阻碍作用导致位错在晶界附近塞积,位错塞积到一定程度时发生重排和合并产生位错胞和亚晶界,亚晶界不断吸收晶格位错导致取向差增大,转变成大角度晶界,接着大角度晶界迁移,消除部分亚晶界和晶界,产生等轴状的再结晶晶粒。而在本书的复合材料中,颗粒分布在晶界上,导致位错在晶界附近塞积,因此也出现了这种"项链状"再结晶现象。但是,是否通过连续 DRX 机制在颗粒附近形成 DRX 晶粒,本书试验结果还无法确定。在颗粒周围形成的 DRX 晶粒既可以通过晶粒长大向晶粒内部扩展;同样,DRX 晶粒的晶界也能阻碍位错运动,进而导致新的 DRX 晶粒形成,这样也使得 DRX 向晶粒内部扩展。

由上述研究可知:搅拌铸造 SiCp/AZ91 复合材料中"项链状"颗粒分布导致高温变形过程中在晶界处的 DRX 晶粒尺寸远远小于铸态复合材料的晶粒尺寸,证实本书复合材料高温压缩变形的显微组织特征符合 W. D. Nix 等建立的 slip band 模型 $n=5$ 时的显微组织要求,验证了计算结果的正确性;同时,显微组织观察证实"项链状"颗粒分布导致或加剧了位错在晶界附近塞积,从而证实本书复合材料的变形状态符合 slip band 模型的条件。同时,本书复合材料的"项链状" DRX 机制可以说是 slip band 模型在显微组织上的一种体现。所以,本书从显微组织上证明了搅拌铸造 SiCp/AZ91 复合材料的高温变形机制和 slip band 模型相吻合,证实了复合材料在高温压缩变形的控制机制是晶界位错攀移机制。

参 考 文 献

[1] Wang X J, Wu K, Huang W X, et al. Study on fracture behavior of particulate reinforced magnesium matrix composite using in situ SEM. Composites Science and Technology, 2007, 67:2253-2260.

[2] 王晓军. 搅拌铸造 SiC 颗粒增强镁基复合材料高温变形行为研究. 哈尔滨:哈尔滨工业大学, 2008.

[3] Ion S E, Homphreys F J, Whice S H. Dynamic Recrystalliastion and the Development of Microstructure during the High Temperature Deformation of Magnesium. Acta. Metall, 1982, 30(10):1909-1919.

[4] Ma Z Y, Tjong S C. Creep Deformation Characteristics of Deformation of Discontinuous Reinforced Aluminium-Matrix Composites. Compos. Sci. Technol., 2001, 61:771-778.

[5] 王德尊. 金属力学性能. 哈尔滨:哈尔滨工业大学出版社. 1993.

[6] Kaibyshev R, Kazyhanov V, Musin F. Hot Plastic Deformation of Aluminium Alloy 2009-15%SiCw Composite. Mater. Sci. Technol. 2002, 18:777-786.

[7] Wang X J, Hu X S, Zheng M Y, et al. Hot deformation behavior of SiCp/AZ91 magnesium matrix composite fabricated by stir-casting. Materials Science and Engineering A. , 2008, 492:481-485.

[8] Nieh T G, Schwartz A J, Wadsworth J. Superplasticity in a 17 vol. % SiC particulate-reinforced ZK60A magnesium composite (ZK60/SiC/19p). Mater. Sci. Eng. A. , 1996, 208:30-36.

[9] Watanabe H, Fukusumi M, Ishikawa K, et al. Superpalsticity in A Fullerence-dispersed Mg-Al-Zn Alloy Composite. Scripta. Mater, 2006, 54:1575-1580.

[10] Crossland I G, Jones R B. Dislocation Creep in Magnesium. Met. Sci. J., 1972, 6:162-166.

[11] Kassner M E, Perez-Prado M T. Five-power-law creep in single phase metals and alloys. Prog. Mater.

Sci. ,2000,45:1-102.

[12] Somekawa H,Hirai K,Watanabe H,et al. Dislocation creep behavior in Mg-Al-Zn alloys. Mater Sci. Eng. A. ,2005,407:53-61.

[13] Springarn J R,Nix W D. A Model for Creep Based on the Climb of Dislocations at Grain Boundaries. Acta. Metall. ,1979,22:171-177.

[14] Mishra R S,Jones H,Greenwood G W. On the threshold stress for diffusional creep in pure metals. Phil. Mag. A. ,1989,60(6):581-590.

[15] Humphreys F J,Kalu P N. Dislocation-particle interactions during high temperature deformation of two-phase aluminium alloys Acta. Metall. ,1987,35:2815-2829.

[16] Hansen N,Barlow C. "Microstructural evolution in whisker-and particle-containing materials" in Fundamentals of Metal-Matrix Composites,S. Suresh,A. Mortensen,A. Needleman,Eds. ,Butterworth-Heinemann,1993:109-118.

[17] Liu Y L,Hansen N,Juul Jensen D. Recrystallization Microstructure in Cold-Rolled Aluminum Composites Reinforced by Silicom Carbide Whiskers. Metall. Trans. A. ,1989,20:1743-1753.

[18] Liu Y L,Juul Jensen D,Hansen N. Recover and recrystallization in cold-rolled Al-SiSw Composites. Metall. Trans. A. ,1992,23:807-818.

[19] Chan H M,Humphreys F J. The recrystallization of Aluminium-Silicon alloys containing a bimodal particle distribution. Acta. Metall. ,1984,32:235-243.

[20] Zhang P. Creep Behavior of the Die-cast Mg-Al Alloy AS21. Scripta. Mater. 2005,25:277-282.

[21] Han B Q, Dunand D C. Creep of Magnesium Strengtheded with High Volume Fractions Yttria Dispersoids. Mater Sci. Eng. A. ,2001,300:235-244.

[22] Mabuchi M,Kubota K,Higashi K. High strength and high strain rate superplasticity in a Mg-Mg_2Si composite. Script. Metall. Mater,1995,33:331-335.

[23] Li Y,Langdon T G. Creep behavior of an AZ91 magnesium alloy reinforced with alumina fibers. Metall. Trans. A. ,1999,30:2059-2065.

[24] Wang X J,Hu X S,Wang Y Q,et al. Microstructure evolutions of SiCp/AZ91 Mg matrix composites during hot compression. Materials Science and Engineering A. ,2013,559:139-146.

[25] 王春艳. $Al_{18}B_4O_{33}$w/Mg 复合材料热压缩变形行为与微观机制. 哈尔滨:哈尔滨工业大学,2007:58-67,106-108.

[26] 李淑波. AZ91 合金和 SiCwAZ91 复合材料的高温压缩变形行为. 哈尔滨:哈尔滨工业大学,2004:1-26,117-118.

[27] Koike J. Enhanced deformation mechanisms by anisotropic plasticity in polycrystalline Mg alloys at room temperature. Metall. Trans. A. ,2005,36:1689-1696.

[28] Wonsiewicz B C,Backofen W A. Plasticity of Magnesium crystals. Trans. Metall. Soc. AIME,1967,239:1422-1431.

[29] Reed-Hill R E. A study of the $\{10\bar{1}1\}$ and $\{10\bar{1}3\}$ twining modes in magnesium. Trans. Metall. Soc. AIME,1960,218:554-558.

[30] Hartt W H,Reed-Hill R E. Internal Deformation and Fracture of Second-Order $\{10\bar{1}1\}-\{10\bar{1}2\}$ Twins in Magnesium. Trans. Metall. Soc. AIME. 1968,242:1127-1133.

[31] Doherty R D,Hughes D A,Humphreys F J,et al. Current issues in recrystallization:a review. Mater. Sci.

Eng. A. ,1997,238:219-274.

[32] Wang X J,Hu X S,Nie K B,et al. Dynamic recrystallization behavior of particle reinforced Mg matrix composites fabricated by stir casting,Materials Science and Engineering A. ,2012,545:38- 43.

[33] Kaibyshev R,Sitdikov O. Low-Temperature Dynamic Recrystallization of Magnesium. Phys. Metals, 1994,13(3):275-283.

[34] Ponge D,Gottstein G. Necklace Formation during Dynamic Recrystallization:Mechanical and Impact on Floe Behavior. Acta. Mater,1998,46:69-80.

第 5 章　热挤压对 SiCp/AZ91 复合材料显微组织和力学性能的影响

5.1　引　　言

热挤压变形是材料成型的重要手段,是实现复合材料应用的重要途径,因此在高温压缩变形的基础上,对复合材料开展在工业生产中常用的热挤压变形行为的研究十分必要。挤压变形突出的优点是可以提高低塑性难变形金属和合金的变形能力,因此特别适合塑性较差的镁基复合材料。热挤压能够消除铸态复合材料中固有的缺陷,改善颗粒分布,提高复合材料的力学性能。另外,挤压制品具有综合质量高、生产灵活性大、工艺流程简单和设备投资少等优点,在工业中有着广泛的应用。因此,开展镁基复合材料的热挤压变形具有十分重要的工程意义。本章将研究搅拌铸造 SiCp/AZ91 复合材料的热挤压工艺、显微组织演变规律和力学性能调控规律。

5.2　热挤压工艺参数

高温压缩研究表明,在 250~400℃区间内,搅拌铸造 SiCp/AZ91 复合材料的变形性较好,因此本章挤压温度也可选在此区间内。采用两个挤压比 5:1 和 12:1,挤压速度选用与镁合金工业生产中比较接近的速度 13mm/s。为了记录方便,本章对挤压温度为 350℃ 和挤压比为 12:1 的挤压工艺参数记录为 350R12,其他挤压工艺参数以此类推。为了提高复合材料的塑性,在挤压前对复合材料进行了固溶处理(T4)。本章对不同材料组成的复合材料进行了热挤压变形,具体挤压工艺参数如表 5-1 所列。为了与复合材料进行比较,对 AZ91 合金(T4)进行了工艺参数和复合材料相同的热挤压变形。

在表 5-1 的挤压试验中,250~350R12 挤压工艺都成功地挤压出了表面质量良好的复合材料棒材,但 400R12 工艺挤压的复合材料棒材出现了周期性裂纹。以上两种情况的挤压制品的宏观形貌如图 5-1 所示。周期性裂纹的产生与挤压过程中的受力和流动情况有关。在挤压过程中,由于形状的约束和接触摩擦的作用导致坯料表面的流动受到阻碍,挤压材中心部位的流速大于外层金属的流速,从而使外层金属受到了拉附应力的作用,中心受到压附应力的作用。这种附加应力的产生改变了变形区域的基本应力状态,使得挤压棒材表面层的轴向工作应力成为了拉应力。而当这种拉应力达到了材料的实际断裂强度极限时,就会在材料表面出现向内扩展的裂纹。如图 4-2 所示,随着温度的升高,复合材料的压缩流变应力显著降低,说明 400℃时复合材料的断裂强度极限较小,导致在 400R12 挤压时产生了周期性裂纹。而在250~350℃挤压时由于这种拉附应力达不到复合材料的断裂强度极限,因此没有产生裂纹。SiCp 的存在增加了摩擦力,加剧合金流动的不均匀性,导致这种周期性裂纹更容易产生。要改善这种裂纹,除了降低挤压温度外,还可以采用降低挤压速度和减小摩擦等手段。

表 5-1   SiCp/AZ91 复合材料的挤压工艺参数

复合材料种类	挤压温度/℃	挤压比 R	挤压参数记录
10μm10%	250	12 : 1	250R12
	300	12 : 1	300R12
	350	5 : 1	350R5
		12 : 1	350R12
	400	12 : 1	400R12
10μm5%	350	12 : 1	350R12
10μm15%	350	12 : 1	350R12
5μm10%	350	5 : 1	350R5
		12 : 1	350R12
50μm10%	350	5 : 1	350R5
		12 : 1	350R12

(a)   (b)

图 5-1   复合材料挤压后的宏观形貌
(a) 250-350R12;(b) 400R12。

在对 10μm15%复合材料采用 350R12 挤压时发现在挤压棒材的后部出现了裂纹,而且越靠后裂纹深度越大,但是中前部的表面质量较好,如图 5-2 所示。10μm15%复合材料的挤压棒材产生微裂纹的主要原因是颗粒体积分数较高。颗粒体积分数高,导致挤压力升高,大大提高了挤压棒材表面层与挤压凹模之间的摩擦力,导致以下两个效果产生:首先,SiCp 含量高导致在挤压过程中挤压棒材对挤压凹模模口和定径带的磨损程度大大增加,致使润滑剂的在挤压过程的中前期迅速消失,进而导致复合材料和凹模直接接触,使得模口和定径带粗糙度急剧增加,在挤压材表面产生较大的附加应力;其次,摩擦力的升高导致摩擦生热效果加剧,致使挤压材表面的温度升高幅度过大,挤压材表层的实际断裂强度极限下降。这两个方面的效果都会导致在挤压棒材的后端容易产生裂纹。对比合金和复合材料挤压棒材发现,在复合材料棒材表面上有一些微小的条纹产生,但是合金棒材表面用肉眼观察不到这种条纹,这种条纹的产生也与颗粒对凹模的磨损有关。

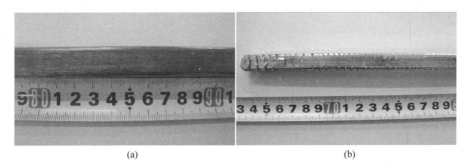

(a)   (b)

图 5-2　10μm15%复合材料挤压后的宏观形貌
(a) 中前部; (b) 后部。

5.3　热挤压对颗粒的影响

5.3.1　挤压对颗粒分布的影响

在挤压过程中,由于截面积的突然减小,基体合金将会发生塑性变形,而颗粒偏聚区由于塑性差难于发生变形而发生破碎,易变形的基体合金就会填充到颗粒偏聚区内,这就消除了颗粒的偏聚,改善了颗粒的分布。图 5-3 显示了 10μm5%和 10μm15%复合材料经过 350R12 工艺挤压后复合材料的颗粒分布状况。与图 2-7(a)和(c)铸态复合材料对比发现,经过挤压后颗粒分布得到明显改善,颗粒偏聚区明显减少甚至消失。所以,热挤压能够改善颗粒分布,大大减少或消除了颗粒的偏聚。下面将研究挤压温度和挤压比对颗粒分布的影响。

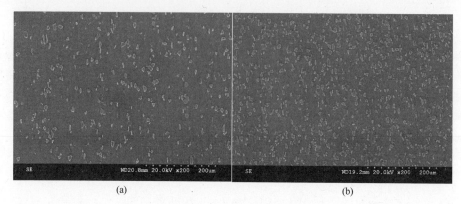

图 5-3　挤压态复合材料平行于挤压方向上的颗粒分布(350R12)

(a) 10μm5%; (b) 10μm15%。

1. 挤压温度对颗粒分布影响

图 5-4 为 10μm10%复合材料在挤压比为 12:1 (R=12:1)时不同温度挤压后垂直(横向)和平行(纵向)于挤压方向的 SEM 照片。与图 3-7(b)铸态相比,在所有挤压温度下颗粒分布都得到了明显的改善。比较各个温度下的垂直和平行于挤压方向的颗粒分布可以发现,平行于挤压方向的颗粒分布比垂直于挤压方向的颗粒分布均匀,这是由于挤压变形的横向和纵向上变形不均匀的特点所致。如图 5-4(b)、(d)和(f)所示,挤压态复合材料中有颗粒定向排布的现象出现,但不是很明显。而且在横向上的颗粒尺寸小于纵向,如图 5-4(c)和(d)所示。在挤压过程中,复合材料发生剧烈的塑性变形,颗粒随基体塑性变形而发生转动,但是颗粒一直处于弹性变形状态,只能发生转动和折断,这样颗粒由随机分布变为定向排列,长径方向基本都沿着纵向排布,导致横向上的颗粒尺寸小于纵向。这种定向排布在对挤压态晶须或纤维增强(长径比较大)的金属基复合材料中更为明显。比较图 5-4(b)、(d) 和(f)可见,挤压温度对颗粒定向排布影响不明显,这可能是由于 SiCp 的长径比较小所致。Hong 等也发现挤压温度对晶须的定向排布影响不明显。

在纵向上不同挤压温度下的颗粒分布没有明显的差别,但是在横向上有明显的差别。如图 5-4(a)所示,250R12 挤压后,"项链状"颗粒分布现象还是比较明显。但是经过 350R12 挤压后,这种"项链状"颗粒分布基本消失,如图 5-4(e)所示。而经过 300R12 挤压的复合材料中的"项链状"颗粒分布程度介于250R12 和 350R12 之间,说明挤压温度对消除颗粒偏聚和改善颗粒分布有重要

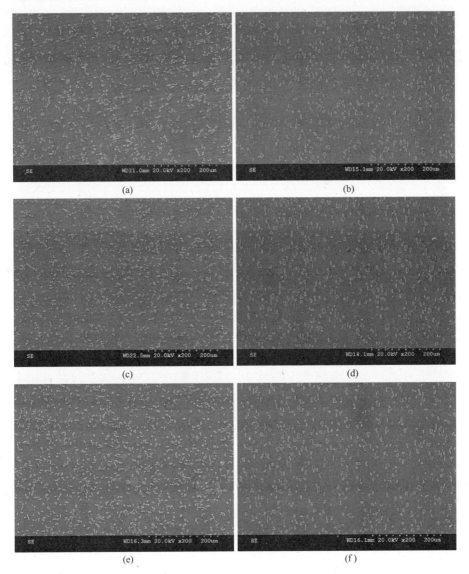

图 5-4 10μm10%复合材料在不同温度挤压后 SEM 形貌($R=12:1$)

(a)，(c) 与 (e) 横向；(b)，(d) 与 (f) 纵向。

(a) 与 (b) 250R12；(c) 与 (d) 300R12；(e) 与 (f) 350R12。

影响。温度越高，基体的塑性越好，颗粒在基体可动性加强，这样基体合金就越容易进入颗粒偏聚区内，因此挤压温度较高有利于消除颗粒偏聚和改善颗粒分布。R. Rahmani Fard 等对 SiCp/A356 铝基复合材料进行热挤压也发现 500℃挤压的颗粒分布比 450℃挤压的颗粒分布均匀。但是进一步升高温度到 550℃时颗粒分布均匀性反而下降,这是因为基体已经在晶界上发生了部分熔化所致。谢文对 SiCp 增强的镁基复合材料的热挤压研究也表明挤压温度越高,SiCp 分布越均匀。

2. 挤压比对颗粒分布影响

挤压比决定了挤压的变形量,因此会对颗粒分布产生重要影响。图 5-5 为 350R5 挤压后 10μm10% 复合材料的颗粒分布情况。与图 5-4(e)和(f)比较可见,350R12 挤压的复合材料中的颗粒分布比 350R5 挤压的更均匀,特别是在横向上的颗粒分布。在 350R5 挤压的复合材料中,"项链状"颗粒分布还明显存在,而 350R12 挤压后这种"项链状"颗粒分布基本消失,说明采用较大的挤压比有利于消除颗粒偏聚和改善颗粒分布。这是由于挤压比越大变形量就越大,导致在挤压过程中使颗粒偏聚区破裂的力就越大,同时基体进入颗粒偏聚区内的能力就越强,进而有利于消除颗粒偏聚和改善颗粒分布。

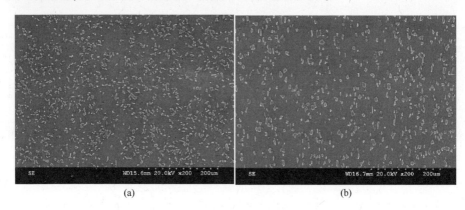

(a)   (b)

图 5-5   10μm10% 复合材料在 350R5 挤压后 SEM 形貌
(a) 横截面方向;(b) 长度方向。

为了更好地说明挤压参数对消除颗粒偏聚和改善颗粒分布的影响,本书采用了网格法(详细办法见文献[8])。对铸态和经过不同工艺参数挤压后的 10μm10% 复合材料横向上颗粒分布进行了定量表征。通过计算统计获得 10μm10% 复合材料每个单元网格中颗粒的平均个数应为3.8。图 5-6 为铸态和挤压态 10μm10% 复合材料的单位网格中颗粒个数的概率分布曲线。由图可见,铸态复合材料在颗粒个数为"4"时没有出现概率的峰值,存在无颗粒区域,并且颗粒个数为 8~10 的区域所占的概率很高,这和铸态复合材料中绝大部分颗粒偏聚在晶界上而晶内没有颗粒的"项链状"特点非常吻合,也说明了铸态复合材料的颗粒分布在微观上的不均匀性。但是经过挤压后,各种挤压工艺都在颗粒个数为"4"的地方出现了峰值,并且颗粒个数为"8~10"的区域所占的概率减少,这就说明热挤压能够减少颗粒偏聚和改善颗粒分布。而且挤压比和挤压温度对峰值大小以及偏大和偏小的颗粒个数出现的概率都有明显影响。如图5-6(a)所示,和铸态复合材料相比,当挤压比为5:1时,颗粒个数的跨度没有变化,只是偏大与偏小颗粒个数出现的概率减少,这说明改善颗粒分布的效果有限。但是当挤压比为12:1时,颗粒个数的跨度由"0~10"缩小到"1~8",而且偏大与偏小颗粒个数出现的概率总和不超过10%,颗粒个数"3~6"的概率总和超过90%,颗粒个数"4"的峰值概率超过35%,这些都说明颗粒分布相当均匀,"项链状"颗粒分布基本被消除。这也证明较大挤压比有利于改善颗粒分布。挤压温度与挤压比有着类似的作用,如图5-6(b)所示。挤压温度越高,峰值越大,颗粒个数跨度越小,偏大与偏小的颗粒个数的出现概率越小。在250R12和300R12中还存在无颗粒区域,颗粒偏聚没有被消除。因此,采用较高的挤压温度和较大挤压比有利于消除颗粒偏聚和改善颗粒分布。为此,采用350R12工艺对5μm10%和50μm10%复合材料进行热挤压,也获得了良好的颗粒分布,如图5-7所示。这就证明了上述结论的可靠性和重复性。

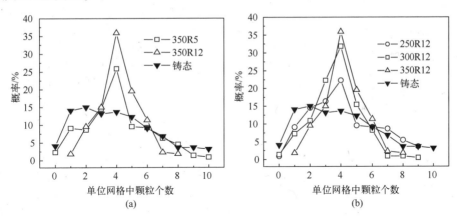

图5-6 10μm10%复合材料单位网格中颗粒个数分布概率
(a) 不同的挤压比; (b) 不同的挤压温度。

5.3.2 挤压过程中颗粒的断裂

虽然挤压可以改善颗粒分布,但是挤压也可能导致颗粒发生断裂,这对复合材料的力学性能有重要影响。图5-8显示了10μm10%复合材料在不同温度下挤压后的颗粒断裂情况。由图可见,经250R12挤压的复合材料中一部分颗粒发生了断裂,且裂纹有的垂直于挤压方向,有的平行于挤压方向,这说

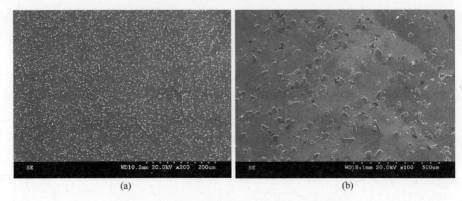

图 5-7   350R12 挤压后复合材料的 SEM 照片
(a) 5μm10%；(b) 50μm10%。

明裂纹没有固定的取向；但是在 350R12 挤压的复合材料中很少有颗粒发生断裂。因此，挤压温度越低，颗粒越容易断裂。这主要有两个方面的原因：首先，温度越低，复合材料的强度越高和所需的挤压力越大，导致在挤压过程颗粒所受的力越大，由图 4-2 可见复合材料在 250℃和 350℃压缩时的应力相差很大，这就造成在 250℃挤压时颗粒所受的力远大于 350℃挤压时；其次，挤压温度较低，基体的塑性差，导致颗粒在挤压过程中与基体协调变形较难，只能靠断裂来协调基体变形。这两个方面的叠加效果就会导致低温挤压时颗粒容易断裂。另外，当挤压温度较低时，基体在挤压过程中的流动性较差，基体很难填充到颗粒断裂所导致的空洞中；但是当挤压温度较高时，基体能够较好地填充颗粒断裂产生的空洞，这也可能导致高温挤压时很少发现颗粒断裂。不仅挤压温度，挤压比对颗粒断裂也有重要影响，如图 5-9 所示。对 50μm10% 复合材料，在 350R5 挤压时，SiCp 基本没有发生断裂，但是在 350R12 挤压时颗粒断裂非常严重。挤压比越大，颗粒在挤压过程中所受的力就越大，颗粒随基体运动的速度也越大，这些都导致颗粒容易发生断裂。比较图 5-8(b)和图 5-9(b)可见，当颗粒尺寸较大时在热挤压中颗粒容易发生断裂。颗粒尺寸较大时，在挤压过程中发生转动比较困难，为了协调变形，只能发生断裂。同时颗粒尺寸越大，颗粒本身预先存在缺陷的概率就越大，所以断裂概率就越大。在对热挤压的铝基复合材料研究表明，颗粒断裂与颗粒尺寸、长径比和体积分数有关；颗粒尺寸大于 10μm、长径比大于 4 和体积分数较高时颗粒容易发生断裂。颗粒断裂就等于在复合材料有预先存在的微裂纹，将对复合材料的力学性能造成不利影响。但是也有研究表明颗粒断裂细化了颗粒，并且基体合金能够填充颗粒断裂所导致的空洞，这样就有可能提高复合材料力学性能。但是在本书中颗粒断裂后造成的空洞没有被基体填充(图5-8和5-9)，这势必会影响复合材料的力学性能,本章后续将会对此展开讨论。

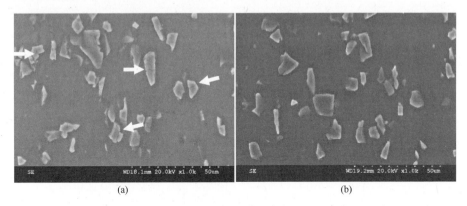

图5-8 10μm10%复合材料在不同温度下挤压后的颗粒断裂情况
(a)250R12; (b)350R12。

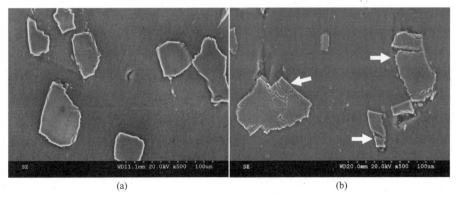

图5-9 50μm10%复合材料在不同挤压比挤压后的颗粒断裂情况
(a)350R5; (b)350R12。

对挤压态复合材料中颗粒断裂进一步研究发现,颗粒断裂对局部的颗粒含量具有敏感性。如图5-10所示,在局部颗粒含量较高的区域,颗粒断裂现象比较普遍;但是在局部颗粒含量较小的区域,颗粒断裂远远比局部颗粒含量高的区域少。在局部颗粒含量较高区域,挤压时此区域中应力集中比较严重,颗粒所受的力较大;另外,由于颗粒间距较小,在变形过程中颗粒随基体运动更加不协调,颗粒之间就会相互阻碍和碰撞,加剧了颗粒的断裂。这种颗粒断裂对局部颗粒含量的敏感性更加加剧了颗粒偏聚对挤压态复合材料力学性能造成的不利影响。

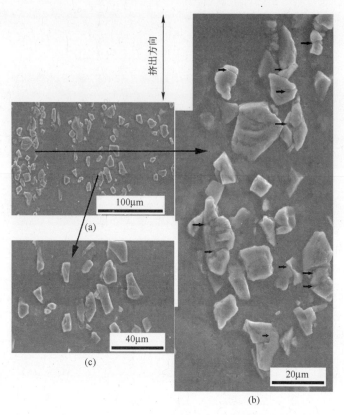

图 5-10　微观局部颗粒含量对颗粒断裂的影响（250R12）
(a) 低放大倍数；(b) 进一步放大(a)颗粒富集区；
(c) 进一步放大(a)颗粒贫乏区(箭头标记颗粒断裂区)。

5.4　挤压过程中基体显微组织的演变规律

5.4.1　挤压温度对基体显微组织的影响

图 5-11 为不同温度下挤压后合金和 $10\mu m10\%$ 复合材料的光学显微组织。由图 5-11(a)和(b)所见,在 250R12 挤压时,AZ91 合金 DRX 没有发生完全,但在复合材料中 DRX 已经完成,这就说明 SiCp 的加入降低了基体的 DRX 温度。250R12 挤压的合金和复合材料的 TEM 组织分别如图 5-12 和图 5-13 所示。由图 5-12 可见,在合金中虽然有 DRX 晶粒存在,但是还存在以大量孪晶和高密度位错为特点的变形组织,这就进一步证实了合金中的 DRX 没有发生完全。但是

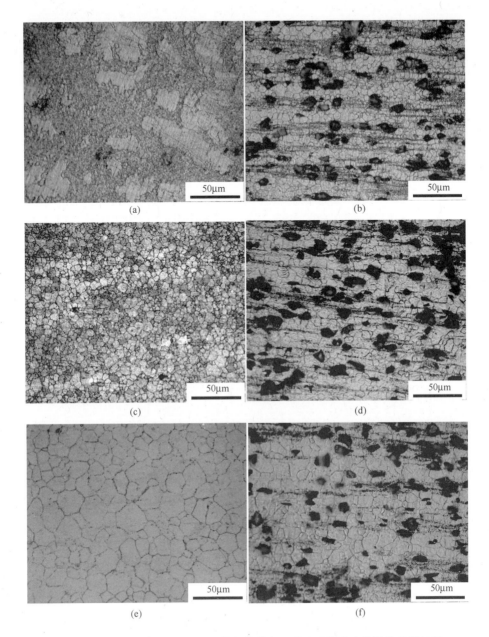

图 5-11　AZ91 合金和 10μm10% 复合材料在不同温度挤压后的光学显微组织
(a) 与(b) 250R12; (c) 与 (d) 300R12; (e) 与 (f) 350R12。

在 250R12 挤压的复合材料中以 DRX 晶粒为主要特征,未发现变形组织的特征,
证实了复合材料中 DRX 已经基本完成。比较图 5-13(a)和(b)可见,在颗粒附

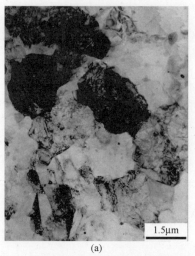

(a)

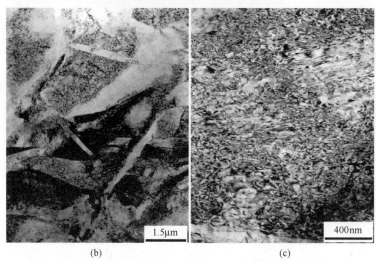

(b)   (c)

图 5-12　AZ91 合金 250R12 挤压后的 TEM 组织

(a) DRX 金相；(b) 孪晶 s；(c) 高密度位错。

近 DRX 晶粒比不在颗粒附近的 DRX 晶粒小,从图 5-11(b)中也能发现这一点,这就说明颗粒能够促进 DRX 形核。本书中采用的 SiCp 都大于 1μm,在变形时颗粒周围的基体中位错塞积和应力集中严重,导致颗粒变形区(PDZ)形成。在 PDZ 中有高的位错密度和较大的取向梯度差,是理想再结晶形核区域,因此颗粒能够促进 DRX 形核。SiCp 的加入使得复合材料基体中应力集中比较严重,因此在同样的变形条件下复合材料中残留的应变量比合金大,导致复合材料能够达到在该温度下发生再结晶的临界变形量,因而降低了复合材料基体的 DRX

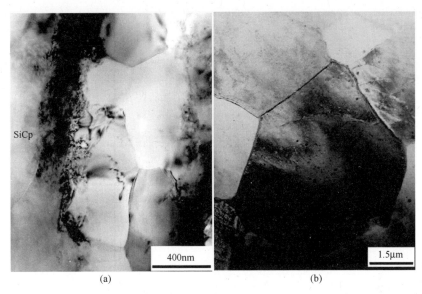

SiCp ... 400nm	1.5μm
(a)	(b)

图 5-13　10μm10%复合材料 250R12 挤压后的 TEM 组织

(a) DRX 晶粒靠近颗粒；(b) DRX 晶粒远离颗粒。

温度。

在 300R12 挤压时,合金和复合材料的 DRX 已经基本发生完全,复合材料 DRX 晶粒尺寸比合金的晶粒大,如图 5-11(c)和(d)所示。在复合材料的挤压变形过程中,SiCp 将会促进 DRX 形核,导致复合材料的 DRX 形核率比合金高。如果两种材料的晶粒长大速度相同,那么复合材料的 DRX 晶粒应该比合金的细小,但是这和本书的观察结果相反,说明复合材料中 DRX 晶粒的长大速度比单一合金的快。颗粒周围的 PDZ 内位错密度比较高且取向差比较大,导致 PDZ 内 DRX 晶粒长大速度比较快,晶粒会迅速发生长大。F. J. Humphreys 采用 TEM 原位退火证实在 PDZ 中的再结晶晶核很容易发生长大。因此,在 300R12 挤压时,PDZ 形成导致了复合材料的 DRX 晶粒发生迅速长大,最终导致复合材料的晶粒尺寸比合金的大。因此,SiCp 不仅能够促进 DRX 形核,还能促进 DRX 晶粒的长大。

虽然颗粒能够促进 DRX 晶粒长大,但是在 350R12 挤压后,复合材料的晶粒尺寸远小于合金的晶粒尺寸,这与 300R12 时的情况刚好相反,如图 5-11(e)和(f)所示。这似乎和上面得出的结论"SiCp 能够促进 DRX 晶粒的长大"相违背。挤压温度由 300℃升高到 350℃时,合金的晶粒尺寸由 5.8μm 长大到 19.7μm,说明合金的 DRX 晶粒在 350R12 挤压过程中长大很显著;但是复合材料的晶粒从 7.9μm 仅长大到 10.3μm,这说明复合材料中的 DRX 晶粒长大的程度没有合金中严重。SiCp 降低了 DRX 温度并且能够促进 DRX 晶粒长大,如果复合材料的 DRX 晶粒长大没有受到阻碍,在 350R12 挤压时复合材料的晶粒长大程度应该比合金大,这与观察的结果相反,这说明 SiCp 在 350R12 挤压时阻碍了 DRX 晶粒的长大。从图 5-11(f)可以观察到 SiCp 阻碍晶粒长大的痕迹:在远离 SiCp 区域的晶粒尺寸大于颗粒之间的晶粒,可达到 15~20μm,这和合金的晶粒大小接近;大部分两个颗粒之间只有 1 到 2 个晶粒,而且一个颗粒周围只有少数几个晶粒,并且许多晶粒晶界的一部分和颗粒表面相接触,这时 SiCp 必然会阻碍晶界的运动,阻碍 DRX 晶粒长大。这些现象证明了 SiCp 在 DRX 后期能够阻碍晶粒的长大。

为了进一步确定 350R12 挤压过程中复合材料的 DRX 晶粒发生了长大,必须研究挤压温度为 350℃时挤压比对复合材料显微组织的影响。在 350R12 挤压的复合材料中 SiCp 没有被细小的 DRX 晶粒包围,而且挤压温度 350℃相对较高,因此必须确定在 350℃挤压时颗粒能否促进 DRX 形核,同样要求研究挤压比对复合材料显微组织的影响。

5.4.2 挤压比对基体显微组织的影响

图 5-14 为 350R5 挤压的合金和复合材料的光学显微组织。由图可见,与 250R12 挤压时合金和复合材料的情况类似,合金中 DRX 只是部分发生,而复合材料 DRX 已经完成。如图 5-14(b)所示,在颗粒附近的 DRX 晶粒较细小,直径大约为 1~2μm;但是远离颗粒或颗粒相对稀少的区域,晶粒尺寸较大,能达到 10μm 左右;即使颗粒间距比较小的两颗粒之间都有好几个晶粒,并且晶粒尺寸细小。这些现象在 250R12 挤压的复合材料中也能观察到,再次证明颗粒能够促进 DRX 形核。比较图 5-11(f)和图 5-14(b),350R5 挤压的复合材料的 DRX 晶粒比 350R12 细小。350R5 和 350R12 挤压后,SiCp 附近的晶粒大小及形貌如图 5-15 所示。由图可见,350R5 挤压后颗粒附近有许多小晶粒;但是 350R12 挤压后 TEM 照片观察不到一个完整的晶粒,只能观察到两个晶粒的一部分,并且两个晶粒的晶界都和 SiC 界面重合。TEM 结果进一步证实上述 350R5 和 350R12 光学显微组织的观察结果。比较 350R5 挤压的复合材料与合金可知,复合材料的 DRX 处于刚刚完成的状态,即 DRX 形核的小晶粒长大不明显,导致晶粒细小。但是在 350R12 挤压时,由于变形量较大,在挤压过程的初期 DRX 就能发生,随后的变形导致 DRX 晶粒的迅速长大,进而导致了 350R12 挤压后的晶粒较大。对 5μm10%和 50μm10%复合材料也进行了 350R5 和 350R12 挤压,也出现了 10μm10%复合材料相同的结果,如图 5-16 和图 5-17 所示。这就进一步证实了这种现象的普遍性。350R5 挤压的复合材料中的 DRX 晶粒尺寸比

350R12 小很多,证明 350R12 挤压时复合材料的 DRX 晶粒长大显著。

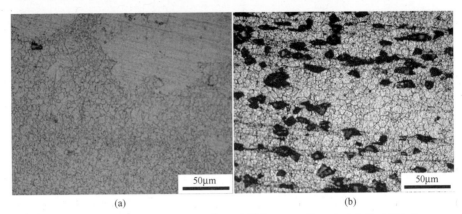

(a)   (b)

图 5-14   AZ91 合金和 10μm10%复合材料在 350R5 挤压后的光学显微组织

(a) AZ91 合金;(b) 10μm10% 复合材料。

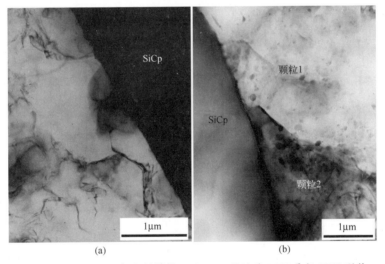

(a)   (b)

图 5-15   10μm10%复合材料挤压后 SiCp 附近的 DRX 晶粒 TEM 形貌

(a) 350R5;(b)350R12。

　　350R12 挤压复合材料晶粒粗大也可能是由于在此挤压工艺下变形时 SiCp 没有促进 DRX 形核。颗粒能否促进再结晶形核取决于位错到达颗粒的速度 R_1 和在颗粒周围的应力集中被消除的速度 R_2,其中 R_1 取决于变形温度和应变速率,R_2 取决于颗粒尺寸和变形温度。当 $R_2 < R_1$ 时,在颗粒周围将会形成 PDZ,进而诱发再结晶形核。在 350R5 挤压时,颗粒被细小的 DRX 晶粒包围,远离颗粒的晶粒尺寸较大,已证明颗粒促进了 DRX 形核。350R5 和 350R12 挤压工艺相

147

图 5-16　5μm10%复合材料不同挤压比挤压后的光学显微组织
(a) 350R5；(b) 350R12。

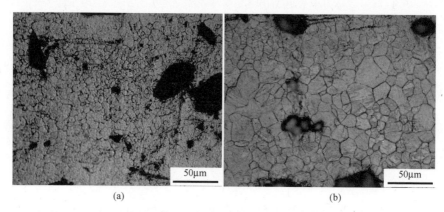

图 5-17　50μm10%复合材料不同挤压比挤压后的光学显微组织
(a) 350R5；(b) 350R12。

比,两者的 R_2 基本相同,只是前者的 R_1 小于后者的。因此,在 350R12 挤压时颗粒周围相对 350R5 而言更容易形成 PDZ,说明在 350R12 挤压时颗粒更加能够促进 DRX 形核。可以说,350R5 的显微组织预示了 350R12 挤压过程初期的显微组织,也就是说在 350R12 变形的初期 SiCp 也被细小的 DRX 晶粒包围,只是在后期的变形过程中发生了长大。正是晶粒长大导致在 350R12 挤压的复合材料中 SiCp 周围没有细小晶粒。在复合材料的 350R12 挤压的过程中,当 DRX 晶粒长大到一定程度时,晶粒的晶界必然会和 SiCp 相接触,这时颗粒必然会阻碍晶界的运动,导致晶粒长大受到阻碍。这样就必然导致两个颗粒之间只有 1~2 个晶粒,而且一个颗粒周围只有少数几个晶粒,许多晶粒晶界的一侧和颗粒表面相重合,如图 5-11(f) 和图 5-15(b) 所示。综上所述,SiCp 在 DRX 初期能够促进 DRX 晶粒的长大,导致复合材料的晶粒大于合金的晶粒;但是当 DRX 晶粒长大到晶界与颗粒相接触时,颗粒将会阻碍晶粒的长大,进而导致复合材料的晶粒比合金细小。

如上所述,SiCp 在 DRX 后期能够阻碍 DRX 晶粒的长大。因此,可以假设如果复合材料的基体中 DRX 晶粒长大的阻碍物含量较少,那么 DRX 晶粒长大就会越明显,而且两个颗粒之间只有 1~2 个晶粒和 DRX 晶粒晶界的一侧和颗粒表面相重合的现象会更加明显,复合材料的晶粒尺寸更加接近合金的晶粒大小。在 350R12 挤压的 10μm5% 复合材料中验证上述的推断,如图 5-18 所示。同样,对于体积分数相同而颗粒尺寸不同的复合材料,小颗粒尺寸由于颗粒间距较小导致对晶粒的长大阻碍作用更加明显,那么颗粒尺寸越小,350R12 挤压后的 DRX 晶粒的尺寸就越小。这种推断也得到了验证,如图 5-11(f)、图 5-16(b) 和图 5-17(b) 所示,颗粒尺寸越小,350R12 挤压变形后复合材料中的 DRX 晶粒尺寸越小。不仅观察到了 SiCp 在 DRX 后期能够阻碍 DRX 晶粒的长大,而且用此结论能够较好地解释上述试验现象,这就更加证明 350R12 挤压时 SiCp 对 DRX 晶粒长大有阻碍作用。

图 5-18　10μm5% 复合材料 350R12 挤压后的光学显微组织

5.5　挤压态复合材料织构的演变规律及其机制

镁合金的 HCP 结构就决定了织构在变形过程中扮演着重要的角色,因此必须研究热挤压对镁基复合材料织构的影响。本书采用德国 GKSS 中心的中子衍射仪对合金和复合材料的织构进行测量,并研究挤压工艺参数(挤压比和挤压温度)和材料组成(颗粒尺寸和体积分数)对复合材料挤压织构的影响规律及其机制。

5.5.1　挤压合金的织构

为了研究复合材料的挤压织构,首先必须研究合金的挤压织构。图 5-19 为 AZ91 合金经 350R12 挤压后的(0002)和($10\bar{1}0$)极图。由图可见,挤压后基体的择优取向是基面平行于挤压方向,($10\bar{1}0$)柱面垂直于挤压方向。其中,(0002)极图的强度比($10\bar{1}0$)极图强度弱。与镁的理想极图比较可知,AZ91 合金经 350R12 挤压后形成的织构为$\{10\bar{1}0\}$纤维织构,即基面平行于挤压方向且基面上的晶向<$10\bar{1}0$>也平行于挤压方向。$\{10\bar{1}0\}$纤维织构是 HCP 金属挤压板材常见的一种织构,这种织构在热挤压的镁合金中也非常常见。M. Mabuchi 等在热挤压的 Mg-9Al-1Zn 中也发现基面平行于挤压方向。

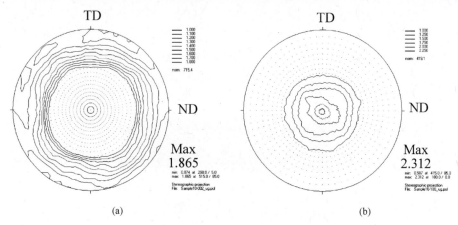

图 5-19　350R12 挤压态 AZ91 合金的极图

(a)(0002)极图;(b)($10\bar{1}0$)极图。

5.5.2　挤压工艺参数对织构的影响

由于 Mg 的基面峰和 α-SiCp 的衍射峰部分重合,导致试验测量的复合材料的基面极图不准确,因此在相关文献中一般采用镁合金柱面或锥面的极图来分析 SiCp 增强镁基复合材料的变形织构。因此,本书将采用($10\bar{1}0$)和($10\bar{1}1$)极图研究复合材料挤压织构的演变规律。

1. 挤压温度对织构的影响

图 5-20 为 10μm10%复合材料在不同温度下挤压后的($10\bar{1}0$)和($10\bar{1}1$)极图。由图可见,在所有的挤压温度下,基体的织构都是以($10\bar{1}0$)纤维织构为主要组分,和挤压合金所形成的主要织构类型相同。这就说明 SiCp 的加入没有改变基体织构的种类而只是使织构的强度有所变化。比较图 5-20(a)、(c)和(e)可见,随着

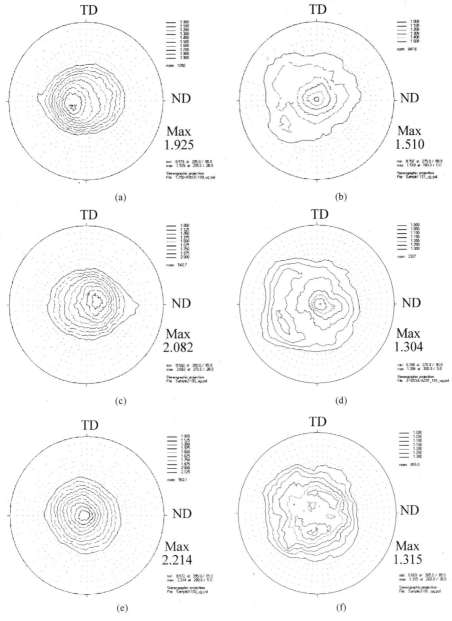

图 5-20　不同温度挤压后 10μm10%复合材料的极图

(a) 和(b) 250R12；(c) 和 (d) 300R12；(e) 和 (f) 350R12。

(a)，(c)和(e) (10$\bar{1}$0)极图；(b)，(d) 和 (f) (10$\bar{1}$1)极图。

挤压温度的升高，$\{10\bar{1}0\}$纤维织构强度变强,这和$\{10\bar{1}0\}$纤维织构本身特点有关。

{10$\bar{1}$0}纤维织构是镁合金的一种高温变形织构,{10$\bar{1}$0}纤维织构的形成和镁合金高温滑移系的开动有关。因此,挤压温度越高,(10$\bar{1}$0)纤维织构越强。P. Perez 等对粉末冶金法制备的纯镁挤压织构进行研究也发现{10$\bar{1}$0}纤维织构的强度随着温度升高而升高。E. M. Jansen 和 H. G. Brokmeier 对 SiCp 和 Al$_2$O$_3$ 短纤维增强纯镁的两种复合材料的挤压织构的研究结果和本书研究结果一致。

值得注意的是,本书合金和复合材料挤压织构的强度比 E. M. Jansen 等和 P. Perez等挤压织构低很多,如图 5-19 和 5-20 所示。这是由于他们所研究的材料是采用粉末冶金法制备的,导致材料中有很多非常细小 MgO 颗粒的存在,这和常规的铸造镁合金和复合材料不同。这些非常细小的 MgO 颗粒不同于尺寸较大的颗粒(大于 1μm),在变形时它们能够阻碍 DRX 的进程,导致合金和复合材料的织构变强。另外,本书挤压态复合材料的织构强度不高和本书采用的 AZ91 合金有关,因为 AZ91 合金在热挤压时所形成的织构本身就不会很强,这一点可以从 M. Mabuchi等的试验结果得到证明。本书挤压态合金织构强度和 M. Mabuchi 等的 Mg-9Al-1Zn 合金热挤压织构的织构强度相当,织构强度都不是很强。

2. 挤压比对织构的影响

图 5-21 显示了 350R5 挤压后 10μm10%复合材料的极图。与图 5-20 比较可见,织构的主要组分没有改变,仍是{10$\bar{1}$0}纤维织构,但是{10$\bar{1}$0}纤维织构的强度比 350R12 挤压复合材料弱。这说明变形量对 SiCp/AZ91 复合材料变形织构有明显影响,即挤压比越大,挤压织构越明显。这是因为变形量越大,基体所受的应力越大,这样有利于基体镁合金高温滑移系的开动,导致{10$\bar{1}$0}纤维织构变强。这和 E. M. Jansen 等在镁基复合材料中研究结果一致。

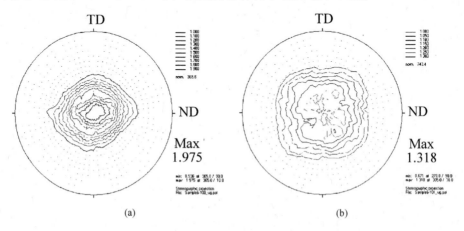

(a)   (b)

图 5-21　350R5 挤压态 10μm10%复合材料的织构
(a)（10$\bar{1}$0)极图；(b)（10$\bar{1}$1)极图。

5.5.3 材料组成对织构的影响

1. 体积分数的影响

不仅挤压工艺参数对复合材料的织构有重要影响,而且材料组成对织构也有重要影响。图 5-22 是体积分数为 5% 和 15% 的 10μmSiCp/AZ91 复合材料经过 350R12 挤压后基体的全极图。结合图 5-19、图 5-20(e)和(f)可见,SiCp 的加入虽然没有改变复合材料挤压织构的主要组分,但是对织构的强度有较明显的影响,这和铝基复合材料研究结果相似,也和 E. M. Jansen 和 H. G. Brokmeier 对镁基复合材料的研究结果一致。为了更加直观地观察颗粒体积分数对织构强度的影响,绘制了试验测量的($10\bar{1}0$)极图的强度随体积分数变化曲线,如图 5-23 所示。由图可见,随着体积分数的增加,复合材料挤压织构的强度减弱,这是由于变形时颗粒周围基体中形成的 PDZ 所致。在 PDZ 中,基体畸变严重,取向差较大,导致颗粒附近的再结晶晶粒的取向分布比较随机,进而减弱了变形织构的强度。D. Juul Jensen 等采用原位中子衍射研究发现,颗粒附近的晶粒取向分布比较广,偏离了基体应有的取向。M. Ferry 等也研究发现 PDZ 中的颗粒诱发再结晶的晶粒的取向虽然不是绝对随机,但是织构强度非常微弱。因此,颗粒对基体织构的影响主要是由于 PDZ 的形成。当颗粒的体积分数越高,变形的过程中 PDZ 所占的体积分数就会越高,导致颗粒对基体织构的弱化作用就越强。同时,随着体积分数的增加,颗粒间距就会越来越小(图 5-3),导致颗粒之间的 PDZ 相互叠加,使得颗粒周围基体畸变更加严重,晶粒的取向分布更加紊乱,对基体织构的弱化作用更加显著。因此,体积分数越高,复合材料的织构强度就越弱。

值得特别注意的是,虽然 SiCp 体积分数越高对基体织构的弱化作用越明显,但是这并不表示复合材料的织构强度就一定比合金的织构弱。如图 5-23 所示,当复合材料的体积分数为 5%,复合材料的织构强度高于基体合金的强度;当体积分数大于 10% 时,复合材料的织构强度低于基体合金的强度。这两种相反的趋势与 $\{10\bar{1}0\}$ 纤维织构形成机理及 SiCp 对基体变形行为影响机制有关。镁合金 $\{10\bar{1}0\}$ 纤维织构是一种高温挤压时容易形成的织构,而在低温挤压时容易形成 $\{11\bar{2}0\}$ 纤维织构。这两种织构的形成主要是由于在低温和高温时开动的滑移系不同所致。5.4 节研究表明:SiCp 的加入,降低了基体的 DRX 温度,这就相当于间接地提高了基体合金变形的温度,有利于 $\{10\bar{1}0\}$ 纤维织构强度加强。而且,塑性变形时,SiCp 将在基体中引起应力集中,使得镁合金基体的高温滑移系能够更加充分地开动,因此,SiCp 对基体中的 $\{10\bar{1}0\}$ 纤维织构的形成也有强化作用。当体积分数较低时,PDZ 所占比例小,SiCp 对织构的弱化作

153

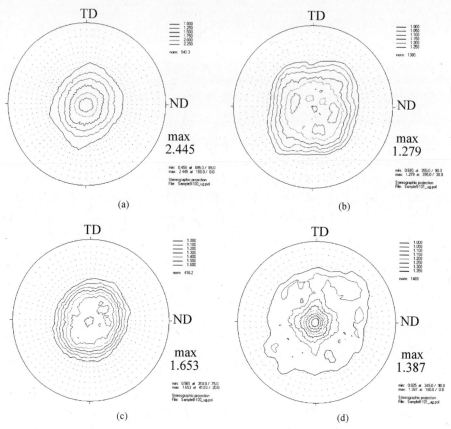

图 5-22　350R12 挤压后 10μm 复合材料中 Mg 的极图

(a) 和 (b) 10μm5%；(c) 和 (d) 10μm15%。

(a) 和 (c) (10$\overline{1}$0)极图；(b) 和 (d) (10$\overline{1}$1)极图。

用小,这时颗粒对织构的强化作用就占主导;但随着体积分数的逐渐升高,PDZ所占比例增加,颗粒间距逐渐变小,PDZ 相互叠加效果加强,导致颗粒对织构的弱化作用占主导作用。这样就会导致上述两种相反的趋势。

　　在铝基复合材料中也发现上述两种变化趋势的现象。A. Poudens 等研究 Al-SiC 复合材料的变形织构发现当 SiCp 体积分数小于 5% 时,复合材料的织构强度比未增强的合金更强,并认为织构强度的加强是由于 SiCp 加入后基体晶粒形状的改变所致;当颗粒体积分数大于 10% 时复合材料的织构强度随体积分数增加而减弱。但是 A. W. Bowen 等研究结果表明无论 SiCp 体积分数高低,复合材料的织构强度都比合金的织构强度弱。因此在低体积分数时,复合材料和基体合金的织构强度的高低还没有形成统一的认识和合理的解释。在镁基复合材料

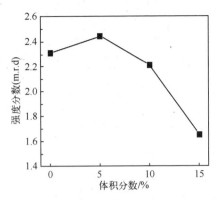

图 5-23 挤压态复合材料的(10$\bar{1}$0)极图强度随体积分数的变化

中,G. Garces 等试验结果表明 SiCp 体积分数低时 SiCp/Mg 复合材料的织构强度还是低于基体合金的织构强度。这可能是由于 G. Garces 等采用的挤压温度高(400℃)和挤压比较大(20:1)所致,这些都会导致颗粒对热挤压织构的弱化作用加强而强化作用减弱。

2. 颗粒尺寸的影响

不仅颗粒的体积分数对基体的织构有影响,颗粒尺寸对基体的织构也有重要影响。图 5-24 为 5μm10%和 50μm10%复合材料 350R12 挤压后的极图。结合图 5-20(e)和(f)可见,基体织构的强弱不随颗粒尺寸的单调上升或下降,而是在 10μm 时出现一个峰值,即 10μm10%复合材料的挤压织构最强。在镁基复合材料中没有见到有关颗粒尺寸对变形织构影响的报道,而在铝基复合材料中这方面的研究也很少。当颗粒非常细小时(小于 0.1μm),基体的变形会变得更加均匀,导致基体织构变强;但是当颗粒尺寸较大时,颗粒对织构的影响主要取决于 PDZ,颗粒尺寸对织构的影响也是通过影响 PDZ 来起作用。PDZ 和颗粒的尺寸、形状和体积分数以及变形量有关,因此颗粒尺寸对织构的弱化程度有影响。但是,A. W. Bowen 等在铝基复合材料中发现当颗粒的体积分数小于 6%时,颗粒尺寸对织构强度几乎没有影响。F. J. Humphreys 等建立了多晶体中颗粒周围形成的 PDZ 模型,认为尺寸较小的颗粒周围产生的独立变形区的个数少而且基体转动小,并预测颗粒尺寸越小对基体织构的弱化作用越小。但是,F. J. Humphreys 等只考察了低应变下的颗粒周围所形成的 PDZ,并且所研究的材料中的颗粒体积分数比较低(Al-0.8%(质量分数)Si),因此没有考虑相邻颗粒的 PDZ 的叠加作用,这不符合本书的实际情况。本书采用的变形量较大,导致小颗粒周围也会产生较多的变形区,小颗粒周围的基体也能产生较大的转动。同时本书复合材料的颗粒含量远远高于 Al-0.8%(质量分数)Si,所以必须考虑相

155

邻颗粒间 PDZ 的叠加作用。相邻颗粒间 PDZ 的叠加效果会导致颗粒周围的基体趋向更加混乱,使得颗粒对织构的弱化作用加强。因此,对本书复合材料而言,随着颗粒尺寸的减小,对 PDZ 将产生两种效果:每个颗粒的独立变形区个数的减少和相邻颗粒间 PDZ 的叠加作用加强,前者对织构起强化作用,而后者对织构起到弱化作用。当颗粒尺寸由 50μm 变小为 10μm 时,颗粒间距尽管有所减小但是仍然比较大,这时独立变形区个数起主导作用;但是,当颗粒由 10μm 变小为 5μm 时,颗粒间距大大缩小,导致颗粒 PDZ 叠加效果起主导作用,如图 2-7(b)、(d)和(e)所示。这样导致 10μm10% 复合材料挤压织构最强。

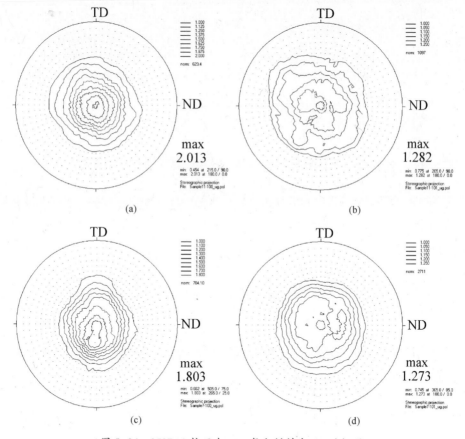

图 5-24   350R12 挤压态 10% 复合材料中 Mg 的极图
(a)和(b)5μm10%; (c)和(d) 50μm10%。
(a)和(c)(10$\bar{1}$0)极图; (b)和(d)(10$\bar{1}$1)极图。

5.6 挤压态复合材料的力学性能

上面几节研究了挤压工艺参数和材料组成对复合材料中颗粒、基体显微组织和织构的影响,这些势必会对复合材料的力学性能产生重要影响。本节将在上面几节研究结果的基础上研究挤压工艺参数和材料组成对 SiCp/AZ91 复合材料力学性能的影响及其机制。

5.6.1 挤压工艺参数对力学性能的影响

图 5-25 显示了挤压温度对 AZ91 合金和 10μm10% 复合材料的力学性能的影响。由图可见,合金和复合材料的屈服强度和断裂强度随挤压温度的变化规律相反:合金的屈服强度和断裂强度都随着挤压温度的升高而下降,但对复合材料而言,两者都随着挤压温度的升高而升高。合金和复合材料的延伸率都随着挤压温度的升高而升高。同样,合金和复合材料的屈服强度和断裂强度随挤压比的变化规律也相反。如图 5-26 所示,对合金而言,350R5 挤压的强度比350R12 的高;但是对复合材料而言,350R5 挤压的力学性能比 350R12 差。R. K. Goswami 等研究搅拌铸造 2124 Al-SiCp 复合材料挤压工艺参数和力学性能的关系时也发现了本书复合材料相似的规律。

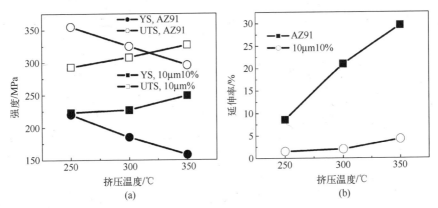

图 5-25 挤压温度对合金和复合材料力学性能的影响($R=12:1$)

(a)屈服强度和断裂强度; (b)延伸率。

合金和复合材料的强度随挤压工艺参数的变化规律相反,说明 SiCp 对挤压态复合材料的力学性能有重要影响。为了说明这一点必须对合金和复合材料的不同挤压工艺下的显微组织和织构进行对比分析。从图 5-20 和图 5-21 可知,

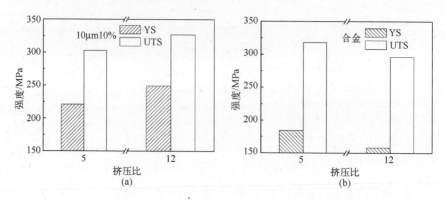

图 5-26　挤压比对合金和复合材料力学性能的影响(T = 350℃)

(a) 复合材料；(b) 合金。

挤压温度和挤压比虽然对复合材料的织构有影响但是不剧烈,并且挤压后复合材料的织构强度也不是很强,所以织构不能成为影响复合材料力学性能的主要因素。从图5-11可见,随着挤压温度的升高,合金和复合材料的DRX晶粒尺寸随着挤压温度升高而增大,特别是合金在250℃还保留着很大一部分的变形组织(图5-12)。一般来说,DRX越充分,位错密度越小,晶粒就越大,导致材料的加工硬化率就越小,因此屈服强度和断裂强度就下降。所以,合金的强度和延伸率随挤压温度变化规律和上述显微组织随温度变化的规律相吻合,符合Hall-Petch关系。但是复合材料的强度变化规律和上述显微组织的变化规律相反,而且复合材料的挤压织构随挤压温度的变化不剧烈,这就说明SiCp在挤压过程中的演变对挤压态复合材料力学性能起到了决定性的作用。

颗粒在挤压过程中主要发生重新分布、定向排布和断裂等行为。前面研究已表明挤压温度对复合材料的定向排布影响不明显,但是挤压温度对颗粒的重新分布和断裂有重要影响。由图5-4和图5-6可见,挤压温度越高,颗粒分布越均匀,越有利于消除铸态复合材料的“项链状”颗粒分布。在250℃挤压时,“项链状”颗粒分布还是比较明显,而在350℃时这种颗粒偏聚基本上被消除。在外界载荷的作用下,这种颗粒偏聚将会在颗粒之间的基体中引起较大的应力集中。可以采用平面应力等效压缩来估算颗粒间距对颗粒之间基体所受应力大小。如图5-27(a)所示,假设两个SiCp被厚度为 h,长度为 b 的基体分割开来,基体和界面之间结合采用粘着摩擦模型,那么基体中最大应力 σ_{max} 发生 $b/2$ 处,即

$$\sigma_{max} = \sigma_F \left(1 + \frac{b}{2h}\right) \tag{5-1}$$

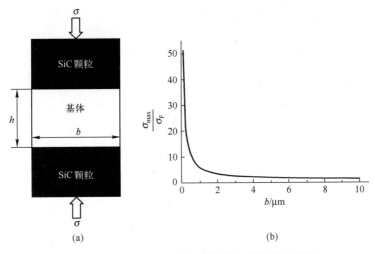

图 5-27　颗粒间距和基体中最大应力关系示意图

(a)平面压缩变应变过程中 SiC 颗粒间的基体层；(b) σ_{max}/σ_F 与 b 的关系图(假设 $b=10\mu m$)。

式中：σ_F 为基体的流变应力。

　　本书的颗粒尺寸为 $10\mu m$，这样可以取 b 为 $10\mu m$，代入式(5-1)可以获得颗粒之间基体所受的最大应力随颗粒间距的变化曲线，如图 5-27(b)所示。当颗粒间距小于 $1\mu m$ 以后，基体所受应力急剧增加。这就表明了颗粒偏聚会导致偏聚区内基体的过早屈服和断裂，进而导致复合材料强度的下降。同时，颗粒分布越均匀，越有利于发挥 SiC_p 的增强效果。因此，挤压温度较高，颗粒分布越均匀，越有利于复合材料力学性能的提高。同样，采用较高的挤压比，颗粒分布越均匀，也会提高复合材料的力学性能。

　　挤压温度对颗粒断裂也有重要影响。挤压温度较高时，颗粒基本上不发生断裂；但是当挤压温度较低，颗粒断裂现象严重，并且在断裂的颗粒之间没有观察到基体存在，说明颗粒断裂所造成的空洞没有被焊合。这种颗粒断裂将会对复合材料的力学性能产生不利影响，因为这种断裂的颗粒就等于在复合材料中存在预先的微裂纹。图 5-28(a)为经 250R12 挤压后复合材料的拉伸断口形貌。由图可见，断口上有许多颗粒表面平整、光滑和洁净，没有合金的残留物，这些颗粒表面显然是由于颗粒断裂造成的。否则，在颗粒的表面就会观察到基体合金的残留物。在第 2 章中也已经通过计算证明本书复合材料在拉伸试验中不可能导致这么多的 SiC_p 发生断裂。而且在 350R12 挤压的复合材料的拉伸断口上没有观察到颗粒断裂的现象，如图 5-28(b)所示。因此，在 250R12 挤压的复合材料的拉伸断口上断裂颗粒只能是预先存在的，即挤压过程中造成的颗粒断裂，这就说明挤压所诱发的颗粒断裂会导致复合材料的力学性能下降。所以，除颗粒分布不均匀外,颗粒断裂也是低温挤压复合材料力学性能不高的重要原因之一。

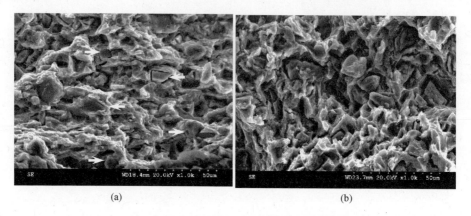

图 5-28 挤压态 10μm10%复合材料的拉伸断口照片
(a)250R12; (b)350R12 (箭头表示颗粒断裂)。

颗粒偏聚和挤压诱发的颗粒断裂不仅各自对复合材料的力学性能有损伤,而且两者叠加在一起更加恶化了复合材料的力学性能。如图 5-10 所示,在颗粒偏聚区中挤压诱发的颗粒断裂更加严重,因此挤压后颗粒偏聚区域是复合材料中最薄弱的部位。而且在颗粒偏聚区内应力集中严重,导致颗粒偏聚区域是复合材料中受力最大的部位,这就导致了更糟糕的状况出现:在复合材料最薄弱的部位反而要承受更大的应力。因此,两者的这种叠加效果就会导致微裂纹在颗粒偏聚区内容易形成,进而导致复合材料的过早屈服和断裂。采用较高的挤压温度和较大的挤压比,恰好克服了颗粒断裂和颗粒偏聚及其两者叠加的效果。除此之外,采用高温和较大挤压比挤压还有利于改善界面结合,有利于铸态复合材料中缺陷的焊合,例如气孔。因此,搅拌铸造镁基复合材料适合采用高温和较大挤压比进行热挤压。

对比铸态复合材料的力学性能(图 2-16),本书采用的所有挤压工艺都大大改善了复合材料的力学性能。这主要是由于在所有的挤压工艺下,基体的晶粒都得到了细化,颗粒分布都得到了改善,都能够或多或少消减铸态材料的缺陷。虽然颗粒发生了断裂,但是总体的效果是使得复合材料的力学性能提高了,只不过在 350R12 挤压时复合材料的力学性能提高的最明显。

5.6.2　材料组成对力学性能的影响

5.6.1 节已经研究表明 350R12 挤压工艺是搅拌铸造 10μm10%复合材料

最佳的挤压工艺,因此本书对其他材料组成的复合材料也采用了350R12工艺进行热挤压,并研究材料组成对挤压态复合材料力学性能影响。图5-29和图5-30分别为不同体积分数和颗粒尺寸的复合材料在350R12挤压后的力学性能。由图5-29可见,随着体积分数的增加,复合材料的屈服强度,断裂强度和弹性模量都明显升高,但是延伸率下降。由图5-30可见,复合材料的屈服强度和断裂强度都随着颗粒尺寸的减小而升高,但是延伸率在10μm时出现一个峰值。所有复合材料的屈服强度均高于350R12挤压的合金。除了10μm5%和50μm10%复合材料外,挤压态复合材料的断裂强度均高于挤压合金。随着体积分数的增加和颗粒尺寸的减小,基体的晶粒尺寸变小。由式(2-7)可见,体积分数越大和颗粒尺寸越小,基体中的位错密度就越高,加工硬化率就越高。所以,随着体积分数的增大和颗粒尺寸的减小,复合材料的屈服强度和断裂强度都升高,但是加工硬化率增加导致了复合材料的延伸率下降。

对于50μm10%复合材料,断裂强度较合金下降显著,而屈服强度几乎和合金差不多。这是一种常见现象,Rozak也发现挤压态52μmSiCp/AZ91复合材料的强度比挤压合金差。50μmSiCp在350R12挤压时颗粒断裂非常严重,导致断裂强度较低。尽管50μm10%复合材料的晶粒尺寸小于合金的晶粒尺寸,50μm10%复合材料的屈服强度和合金相当,证明挤压诱发的颗粒断裂对屈服强度和断裂强度都有不利影响。也正是由于50μmSiCp在挤压过程中断裂非常严重,导致了50μm10%复合材料的延伸率较10μm10%复合材料低。

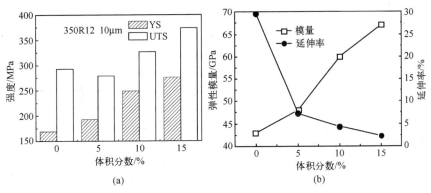

图5-29 体积分数对350R12挤压复合材料力学性能的影响

(a)屈服强度和断裂强度;(b)弹性模量和延伸率。

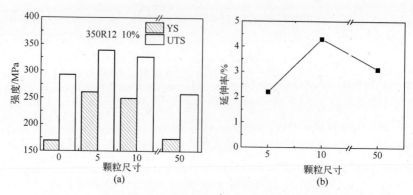

图 5-30　颗粒尺寸对 350R12 挤压的复合材料力学性能的影响

(a) 屈服强度和断裂强度；(b) 延伸率。

参 考 文 献

［1］ 谢建新,刘静安. 金属挤压理论与技术. 北京:冶金工业出版社,2002:1-75.

［2］ 王晓军. 搅拌铸造 SiC 颗粒增强镁基复合材料高温变形行为研究. 哈尔滨:哈尔滨工业大学,2008.

［3］ Wang X J,Hu X S, Nie K B,et al. Hot extrusion of SiCp/AZ91 Mg matrix composites, Trans. Nonferrous Met. Soc. China, 2012,22：1912-1917.

［4］ Hong S H, Chung K H,Lee C H, Effects of hot extrusion parameters on the tensile properties microstructures of SiCw-2124Al composites. Mater. Sci. Eng. A. ,1996,206：225-232.

［5］ Rahmani Fard R, Akhlaghi F. Effect of extrusion temperature on the microstructure and porosity of A356-SiCp composites. J. Mater. Proc. Techol. ,2007,187-188,433-436.

［6］ 谢文,刘越,张振伟,等. 挤压温度对 15vol%SiCp/Mg-9Al 镁基复合材料拉伸性能与断口形貌的影响. 复合材料学报,2006,23:127-133.

［7］ Wang X J, Xu L,Hu X S,et al. Influences of extrusion parameters on microstructure and mechanical properties of particulate reinforced magnesium matrix composites, Materials Science and Engineering A. , 2011,528:6387-6392.

［8］ Wang X J,Wu K,Zhang H F,et al. Effect of hot extrusion on the microstructure of a particulate reinforced magnesium matrix composite. Materials Science and Engineering A. ,2007,465,78-84.

［9］ Tham L M, Gupta M, Cheng L. Effect of reinforcement Volume fraction on the evolution of reinforcement size during the extrusion of Al-SiC composites. Mater. Sci. Eng. A. ,2002,326,355-363.

［10］ Mochida T, Taya M, Lloyd D J. Fracture of Particles in a Particle / Metal Matrix Composite under Plastic Straining and Its Effect on the Young's Modulus of the Composite. Mater. Trans. JIM. ,1991, 32,931-942.

［11］ Hutchison W G ,Palmiere E J. Microstructural Development in a Metal Matrix Composite during Thermo-mechanical Processing. Mater. Trans. JIM,1996,37(3)：330-335.

［12］ Davies C H J,Chen W C,Hawbolt E B, et al. Particle fracture during extrusion of a 6061/alumina composite. Script. Metall. Mater,1995,32:309-314.

[13] Zhong W M, Goiffon E, Lesperance G, et al. Effect of thermomechanical processing on the microstructure and mechanical properties of Al−Mg(5083)/SiCp and Al−Mg(5083)/ Al$_2$O$_3$p composites. Part 1: Dynamic recrystallization of the composite . Mater. Sci. Eng. A. ,1996, 214:84−92.

[14] Hansen N, Barlow C. "Microstructural evolution in whisker−and particle−containing materials" in Fundamentals of Metal−Matrix Composites, S. Suresh, A. Mortensen, A. Needleman, Eds. , Butterworth−Heinemann, 1993: 109−118.

[15] Liu Y L, Hansen N, Juul Jensen D. Recrystallization Microstructure in Cold − Rolled Aluminum Composites Reinforced by Silicom Carbide Whiskers. Metall. Trans. A. ,1989, 20:1743−1753.

[16] Liu Y L, Juul Jensen D, Hansen N. Recover and recrystallization in cold−rolled Al−SiSw Composites. Metall. Trans. A. ,1992, 23:807−818.

[17] Chan H M, Humphreys F J. The recrystallization of Aluminium−Silicon alloys containing a bimodal particle distribution. Acta. Metall,1984, 32:235−243.

[18] Ferry M, Munore P R, Crosky A. the effect of processing parameters on the recrystallized grain size and shape of particulate reinforced metal matrix composite, Script. Met. Metall. ,1993, 29:741−746.

[19] Humphreys F J. the nucleation of recrystallization at second phase particles in deformed aluminium. Acta. Metall. ,1977, 25:1323−1344.

[20] Perez−Prado M T, Ruano O A. Texture evolution during grain growth in annealed Mg AZ61 alloy. Scripta. Mater,2003, 48:59−64.

[21] Humphreys F J, Kalu P N, Dislocation−particle interactions during high temperature deformation of two−phase aluminium alloys Acta. Metall. ,1987, 35: 2815−2829.

[22] Chan H M, Humphreys F J. The recrystallization of Aluminium−Silicon alloys containing a bimodal particle distribution. Acta. Metall. ,1984, 32:235−243.

[23] Ferry M, Munore P R, Crosky A, the effect of processing parameters on the recrystallized grain size and shape of particulate reinforced metal matrix composite, Script. Met. Metall. ,1993, 29:741−746.

[24] Doherty R D, Hughes D A, Humphreys F J, et al. Current issues in recrystallization: a review. Mater. Sci. Eng. A. ,1997,238: 219−274.

[25] Humphreys F J. the nucleation of recrystallization at second phase particles in deformed aluminium. Acta. Metall. ,1977, 25:1323−1344.

[26] Inem B. Dynamic Recrystallization in a Thermomechanically Processed Metal Matrix Composite. Mater. Sci. Eng. A. ,1995,197:91−95.

[27] Wang Y N , Huang J C. Texture analysis in hexagonal materials. Mater. Chem. Phys. ,2003, 81:11−26.

[28] Perez P, Garces G, Adeva P. Influence of texture on the mechanical properties of commercially pure magnesium prepared by powder metallurgy. J. Mater. Sci. ,2007,42:3969−3976.

[29] Kuzelke J, Saxl I. Preferred Orientation in Extruded Magnesium Compacts. J. Nucl. Mater. 1974,50: 98−102.

[30] Mabuchi M, Chino Y, Jwasaki H, et al. The Grain Size and Texture Dependence of Tensile Properties in Extruded Mg−9Al−1Zn. Mater. Trans. ,2001,7:1182−1189.

[31] Jansen E M, Brokmeier H G, Kainer K U. Texture of ceramic reinforced Magnesium composites. Proceedings of the 12th International Conference on Texture of Materials (ICOTOM−12). Montreal. Canada,

1999, 1482-1487.

[32] Morell L G, Hanawald J D. X-Ray Study of Plastic Working of Magnesium Alloy, Physics, 1932,3: 161-168.

[33] Juul Jensen D, Hansen N, Humphreys F J. Texture Development during Recrystallization of Aluminium Containing Large Particles. Acta. Metall. 1985,33:2153-5162.

[34] Ferry M, Humphreys F J. The Deformation and Recrystallization of Particle-containing Aluminium Crystals. Acat. Mater,1996,44:3089-3103.

[35] Poudens A, Bacroix B,Bretheau T. Influence of microstructures and particle concentrations on the development of extrusion textures in metal matrix composites. Mater. Sci. Eng. A. ,1995, 196:219-228.

[36] Poudens A, Bacroix B. Recrystallization textures in Al-SiC metal matrix composites. Scripta. Mater, 1996, 34:855-875.

[37] Bowen A W, Ardakani M G,Humphreys F J. Deformation and Recrystallization Texture in Al-SiC Metal-Matrix composites. Mater. Sci. Forum,1994,57-162:919-926.

[38] Garces G,Perez P,Adeva P. Effect of the extrusion texture on the mechanical behaviour of Mg-SiCp composites. Scripta. Mater,2005,52: 615-619.

[39] Liu Y L, Hansen N,Juul Jensen D. Thermomechanical processing of Al-SiC composites microstructure and texture. Proceedings of the Riso International Symposium on Materials Science, V, Metal Matrix Composites - Processing, Microstructure and Properties,. 1992:67-80.

[40] Bowen A W,Ardakani M,Humphreys F J. Effect of particle size and volume fraction on deformation and recrystallisation textures in Al-SiC metal-matrix composites. Proceedings of the Riso International Symposium on Materials Science, V, Metal Matrix Composites - Processing, Microstructure and Properties, 1992: 241-246.

[41] Kalu P N, Humphreys F J. Some aspects of the plasticity and texture of two-phase Polycrystals. Proceedings of the Riso International Symposium on Metallurgy and Materials Science, Materials Architecture, 1989:415-422.

[42] Humphreys F J, Kalu P N. The Plasticity of Particle-Containing Polycrystals. Acta. Metar,1990,38: 917-930.

[43] Goswami R K, Anandani R C, Sikand Rajiv,et al. Effect of Extrusion Parameters on Mechanical Properties of 2124 Al-SiCp Stir Casting MMCs. Mater. Trans. JIM. ,1999,40:254-257.

[44] Lloyd D J. Aspects of Facture in Particulate Reinforced Metal Matrix Composites, Acta Metall. Mater, 1991, 39: 59-71.

[45] Davies C H J, Chen W C, Lloyd D J, et al. Modeling particle fracture during the extrusion of aluminum/alumina composites, Metall. Trans. A. ,1996,27:4113-4120.

[46] Zhong W M, Goiffon E, Lesperance G, et al. Effect of thermomechanical processing on the microstructure and mechanical properties of Al-Mg(5083)/SiCp and Al-Mg(5083)/ Al2O3p composites. Part 3: Fracture mechanisms of the composites. Mater. Sci. Eng. A. ,1996,214: 104-114.

[47] Rozak G A,Ph. D thesis, Case Western Reserve University, 1993.

164

第6章 SiCp/AZ91复合材料的腐蚀行为

6.1 引 言

镁是所有工业合金中化学活泼性最高的金属,标准电极电位为-2.37V。镁合金腐蚀性能差的原因一是合金元素和杂质元素的引入导致镁合金中出现第二相。在腐蚀性介质中,化学活泼性很高的镁基体很容易与合金元素和杂质元素形成腐蚀电池,诱发电偶腐蚀。镁基复合材料因其轻量化和高强度的优势而在汽车和航空产业上占有潜力巨大的市场。然而在使用过程中,复合材料与环境发生作用,并遭受不同形式的腐蚀,从而极大地限制了复合材料在航天航空及海防领域的应用,为此研究镁基复合材料的腐蚀行为探讨其腐蚀机制十分必要。颗粒的加入一方面提高了基体的力学性能,另一方面由于界面的增多引起材料的腐蚀性能降低。为此,研究 SiCp/AZ91 复合材料的腐蚀行为十分必要。

6.2 腐蚀试验方法与条件

6.2.1 腐蚀试样制备与热处理

把固溶态 AZ91 合金及 SiCp/AZ91 复合材料进行线切割成直径为 15mm,厚度为 3.5mm 的圆片形状,将上述材料的热挤压件沿着平行于热挤压方向线切割成边长为 14mm,厚度为 3.5mm 的方片形状。出于研究热挤压后残余应力对材料耐腐蚀性能的影响,将热挤压件分成两组,一组做退火处理,一组不做退火处理。退火试验是在井式电阻加热炉中进行的,取出后空冷。固溶处理工艺为415℃保温 24h 后空冷,退火温度和保温时间如表 6-1 所列。

将 AZ91 镁合金与其复合材料的试样经研磨,抛光后,放在无水乙醇中超声波振荡清洗,蒸馏水清洗,用冷风吹干,干燥以备用。

表6-1　热挤压后复合材料的退火工艺参数

退火温度/℃	保温时间/min
260	20
260	45
350	45
350	180

6.2.2　浸泡试验

本试验采用的溶液是3.5%(质量分数)NaCl和8.1%)(质量分数)Na$_2$SO$_4$水溶液,这两种溶液的摩尔浓度均是0.62mol/L,具有相同的阴离子浓度。浸泡试样前将每个试样用游标卡尺测量试样的厚度、边长或直径,计算试样的表面积。用AE240型电子分析天平称重后,每个试样单独放入装有200mL浓度为3.5%质量分数NaCl和8.1%(质量分数)Na$_2$SO$_4$水溶液(pH=6.2室温下)烧杯中进行浸泡试验。浸泡试样每天更换新溶液。取出的试样先在自来水下清洗,然后放在无水乙醇的烧杯中用超声波清洗2~3min,然后冷风吹干。用电子分析天平测量去除腐蚀产物后试样的重量,计算出腐蚀前后的重量变化。腐蚀产物经去离子水反复冲洗、滤纸过滤,然后用冷风烘干,收集在干燥密封的器皿里。

6.2.3　电化学试验

动电位极化曲线(Potentiodynamic polarization curve)测量是在EG&G Model 273恒电位仪上进行的。把研究电极放好后,往杯里注入电解质溶液,待研究电极的自腐蚀电位稳定后,即可进行极化。试验时以饱和甘汞电极为参考电极,以对碳棒为辅助电极,其中动电位极化曲线试验所使用的扫描速率为0.5mV/s,温度为25℃,暴露于空气中。

6.3　不同状态的SiCp/AZ91复合材料的腐蚀行为

采用搅拌铸造法制备的SiCp/AZ91复合材料,取一部分固溶态复合材料进行热挤压,接着对其中一部分挤压态材料进行退火处理。所有材料表面都经过抛光处理,挤压态材料取平行于挤压方向的试样。

6.3.1 不同状态 SiCp/AZ91 复合材料的显微组织

图 6-1 为 6 种不同状态的 SiCp/AZ91 复合材料的光学显微组织。图 6-1(a)是固溶态复合材料的组织,可以看出,颗粒在基体中是随机分布的,基体合金的晶粒非常粗大,因为经过固溶处理所以在晶界上没有第二相的析出,这样研究该材料的腐蚀机理时就可以不考虑第二相的影响。图 6-1(b)是热挤压后的显微组织,颗粒呈现出定向分布的状态,颗粒比较平整;而基体的晶粒经过挤压后变得非常细小,是均匀的等轴晶粒。图 6-1(c)是 260℃退火 20min 的挤压态材料,出现了晶粒大小不等的混晶组织,在颗粒集中的区域晶粒细小没有长大,可能是因为颗粒阻挡了晶粒的生长,而在颗粒稀疏的区域是大晶粒。图 6-1(d)是 260℃退火 45min 的挤压态材料,可以清楚地看到基体中出现了孪晶组织,并且有一部分小晶粒被吞并从而生成大晶粒。图 6-1(e)是 350℃退火 45min 的材料,晶粒开始长大,尺寸比较均匀,仍然可以看出,在颗粒附近的晶粒尺寸比较小。图 6-1(f)是 350℃退火 3h 的材料,晶粒非常粗大,但是比固溶态 SiCp/AZ91 复合材料的晶粒尺寸小。

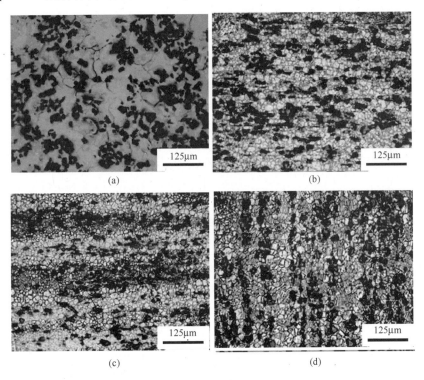

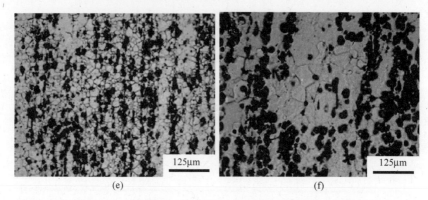

(e)   (f)

图 6-1　不同状态的 SiCp/AZ91 复合材料的金相显微组织

(a) 固溶态；(b) 挤压态；(c) 260℃退火 20min；(d) 260℃退火 45min；

(e) 350℃退火 45min；(f) 350℃退火 3h。

可以观察到，在所有图中，都没有观察到在晶界上有第二相的析出。总的来说，晶粒度小的材料是挤压态的复合材料以及经过短时间退火的挤压态复合材料，晶粒几乎没有长大或者长大程度很小；而长时间退火之后，晶粒就变得非常粗大。

挤压变形后材料内部有大量残余应力存在，这可能对复合材料的腐蚀有一定的影响。胡津研究了不同温度的退火处理对纯铝基复合材料及 LY12 铝基复合材料应力腐蚀开裂行为的影响。她指出，当复合材料从高温冷至室温时，增强体和基体收缩不一致，增强体附近的基体产生拉伸弹性变形从而偏离平衡电位，作为阳极相的基体动电势大将会加速阳极的溶解腐蚀速度，使复合材料腐蚀的速度提高。退火处理能显著消除宏观残余应力，中温退火可消除半数残余应力，高温退火后材料中的残余应力几乎消失殆尽。退火后，复合材料基体中的位错密度大大降低，尤其是高温退火后位错几乎湮灭。退火处理可以提高复合材料的应力腐蚀抗力。

AZ91 镁合金属于晶内腐蚀，所以晶界多、晶粒度小的 AZ91 合金的耐腐蚀性好。当 SiC 颗粒作为增强体添加入 AZ91 镁合金之中后，又成为影响复合材料耐腐蚀性的重要因素。Tiwati 通过研究不同体积分数的 SiC 颗粒增强镁基复合材料的腐蚀行为，并且把它们同纯镁的腐蚀行为比较。研究发现，SiC 颗粒的加入降低了材料的耐腐蚀性，颗粒体积分数越大，材料越容易腐蚀。SiC 颗粒同镁基体之间的电偶腐蚀对材料的整体腐蚀没有明显的影响，复合材料的耐腐蚀性差很大程度上与表面的保护层的不完整性有关，因为 SiC 颗粒的加入破坏了保护膜的致密性。

在本试验中，将着重研究在 SiCp/AZ91 复合材料的表面上，腐蚀最初是在

168

哪些区域开始,然后又是如何扩展的。采用在溶液中短时间(10min)浸泡来观察腐蚀的初始状态,腐蚀坑是如何形成的;采用长时间浸泡(60min、3h、24h)观察腐蚀坑是如何扩展的,同时研究颗粒对材料腐蚀的影响。利用不同的溶液,比较 Cl⁻和 SO4²⁻两种离子对复合材料侵蚀性的强弱。研究不同状态 SiCp/AZ91复合材料(固溶态、挤压态及其退火态)的腐蚀行为,研究它们耐腐蚀性的强弱。

6.3.2 不同状态的 SiCp/AZ91 复合材料的浸泡腐蚀

图 6-2 是固溶态和挤压态 SiCp/AZ91 复合材料分别在 3.5%(质量分数)NaCl 和 8.1%(质量分数)Na_2SO_4 水溶液中浸泡腐蚀 1~5 天,未去除腐蚀产物后宏观形貌。从图中可以看出,复合材料的腐蚀程度要比同种状态的合金严重得多,表面上出现了又大又深的腐蚀坑。挤压态复合材料的腐蚀面积比固溶态复合材料大,有大量的基体和合金脱落。由此可见,固溶态的 SiCp/AZ91 复合材料的耐腐蚀性要比挤压态的好。

在浸泡过程中,当试样一放入 NaCl 水溶液中就立刻发生反应,放出大量的气体,试样表面起初散布着少量微小的腐蚀坑,随着浸泡时间的增长,逐渐扩展形成较大面积的腐蚀坑。在 Na_2SO_4 溶液中,材料的腐蚀程度很轻,是局部腐蚀,而在 NaCl 溶液中则是全面腐蚀。它们都是随着腐蚀时间的增长,腐蚀面积加大。

图 6-3 是挤压态 SiCp/AZ91 复合材料经过退火处理后,在 3.5%(质量分数)NaCl 溶液中浸泡腐蚀 1~3 天,未去除腐蚀产物后的宏观形貌。从宏观上来看,4 种不同工艺参数退火后的复合材料浸泡后差别不大,表面腐蚀得都非常严重,有大量的颗粒和基体脱落,耐腐蚀性从表面形貌上看来,比起退火前并没有什么改善。在浸泡过程中观察到的现象是,腐蚀区域是呈长带状扩展,某些带状区腐蚀得很严重,而另一些带状区腐蚀很轻,这可能是因为材料在退火过程中显微组织变形不均匀造成的,一般组织致密的区域耐腐蚀。另外,由于退火后基体中的位错密度大大降低,这也会对提高材料的耐腐蚀性产生一定的影响。

在该浸泡试验过程中,观察到由于腐蚀液的侵蚀,基体和颗粒大量脱落;而且随着时间的延长,复合材料的体积越小,其与溶液的相对接触面积越大,腐蚀的速度就越快。而在电化学极化试验以及短时间浸泡(10min,60min,3h)过程中,浸泡时间不长,材料的腐蚀程度没有这么严重,腐蚀产物也不多。所以利用长时间浸泡测得的腐蚀速度,结果会有一定的误差,会比用其他方法测定的结果稍微偏大,但是这种方法能够真实地表达出腐蚀发展的总体方向和程度,是国际上通用的一种试验方法。

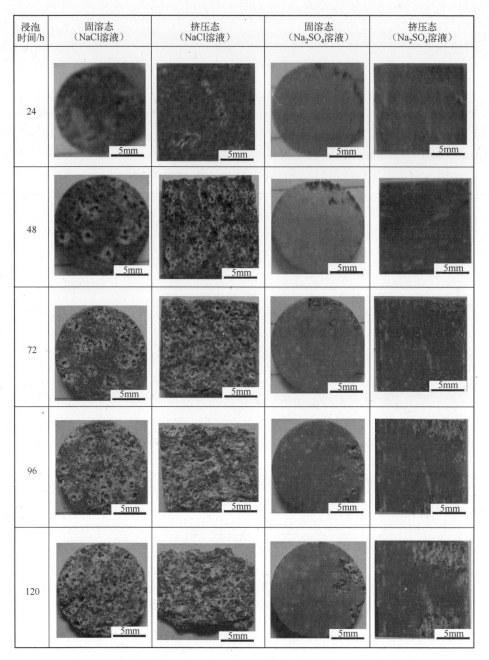

浸泡 时间/h	固溶态 （NaCl溶液）	挤压态 （NaCl溶液）	固溶态 （Na₂SO₄溶液）	挤压态 （Na₂SO₄溶液）
24				
48				
72				
96				
120				

图 6-2　固溶态和挤压态的 SiCp/AZ91 复合材料浸泡后表面宏观形貌

图 6-4 是不同状态的 SiCp/AZ91 复合材料分别在 3.5%（质量分数）NaCl

浸泡时间/h	260℃退火 20min	260℃退火 45min	350℃退火 20min	350℃退火 3h
24	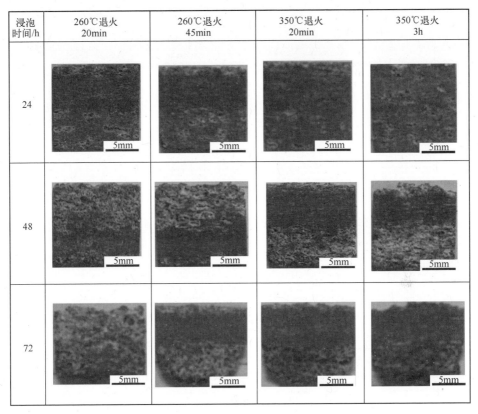			
48				
72				

图6-3　退火态复合材料在 NaCl 溶液中浸泡后的表面宏观形貌

溶液中浸泡 1~5 天后,以及在 8.1%(质量分数)Na_2SO_4 浸泡 1~3 天后重量损失与时间关系图。从图中可以看出,在这些天里,重量损失变化很大,尤其是在 NaCl 溶液中,材料的重量损失大大高于 Na_2SO_4 水溶液中的复合材料。NaCl 溶液中,挤压态 SiCp/AZ91 复合材料的平均腐蚀速度达到 20.79mg/(cm^2/天);固溶态 AZ91 平均腐蚀速度是 9.275mg/(cm^2/天);260℃ 退火 20min 后平均腐蚀速度达到 24.254mg/(cm^2/天);260℃ 退火 45min 后平均腐蚀速度达到 34.226mg/(cm^2/天),350℃ 退火 45min 是 28.024mg/(cm^2/天),350℃ 退火 3h 后是 24.902mg/(cm^2/天)。而在 Na_2SO_4 溶液中,固溶态和挤压态材料的失重曲线几乎重合,材料的重量损失很少,固溶态的平均腐蚀速度是 1.223mg/(cm^2/天),挤压态的是 1.402mg/(cm^2/天)。以上结果表明,通过退火处理不能改善挤压态 SiCp/AZ91 复合材料的耐腐蚀性能。

在 NaCl 溶液中,每一条失重曲线的变化趋势并不是线性增长的,其斜率都是随着时间的延长而不断变大,说明复合材料的腐蚀速度越来越大,腐蚀的程度

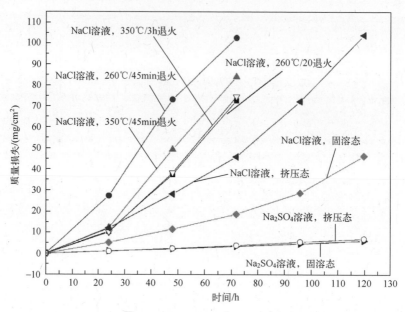

图 6-4　SiCp/AZ91 复合材料浸泡后重量损失与时间关系图

越来越强烈,而在 Na_2SO_4 溶液中,极化曲线是呈线性增加的,斜率也很小,说明在该种溶液中材料耐腐蚀很好。这种强烈对比的发生,除了 Cl^- 的侵蚀性强外,还和试验中的操作有一定的关系。在试验过程中,每天都需要定时更换溶液,并清洗掉材料表面上覆盖的腐蚀产物,使材料表面失去保护层而加剧腐蚀。其中,Na_2SO_4 溶液中的腐蚀产物很少,而且氧化层的致密性很好,对复合材料起到了保护作用。

　　与合金相比,影响复合材料腐蚀性能的因素复杂得多。根据研究表明,包括空隙、杂质相的析出、增强相/基体界面处的位错密度、界面反应物、增强相的种类、大小及含量、基体成分等,都是影响复合材料耐蚀性的因素。大多数腐蚀行为是由增强体和金属基体的电偶腐蚀控制,也与加工过程中引入的杂质,以及增强体与金属基体之间的界面反应物有关。

　　图 6-5 为 NaCl 溶液中浸泡 5 天后的腐蚀产物的 XRD 分析。可见,腐蚀产物中主要有 $Mg(OH)_2$、SiC 颗粒,还包括少量的镁铝氧的水合物。而图 6-6 中固溶态 SiCp/AZ91 复合材料在 Na_2SO_4 溶液中的腐蚀产物主要也是 $Mg(OH)_2$、SiC 颗粒,同时还产生了少量的镁锌化合物和镁铝的氢氧化合物。图 6-7 中挤压态 SiCp/AZ91 复合材料在 Na_2SO_4 溶液中浸泡后的腐蚀产物,主要成分依然是 $Mg(OH)_2$、SiC 颗粒,以及在腐蚀中产生的少量镁铝的氢氧化合物。

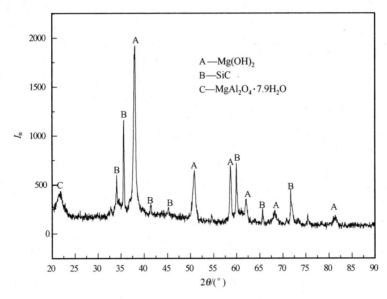

图 6-5　挤压态复合材料在 NaCl 溶液中浸泡 5 天后腐蚀产物 XRD 衍射谱

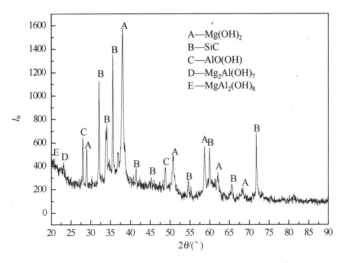

图 6-6　固溶态复合材料在 Na_2SO_4 溶液中浸泡 5 天后的腐蚀产物 XRD 衍射谱

　　以上结果表明,无论在 NaCl 溶液还是 Na_2SO_4 溶液中,无论是挤压态复合材料还是固溶态复合材料,SiCp/AZ91 复合材料的腐蚀产物同 AZ91 合金都是类似的,主要是 $Mg(OH)_2$ 和少量的镁铝的氢氧化合物或水合物。腐蚀产物主要由镁合金的基体决定,增强体对腐蚀产物的物相结构几乎没有影响。在腐蚀过程中有大量的 SiC 颗粒从基体上脱落,说明腐蚀弱化了颗粒和基体合金的结合强度,使颗粒失去依附,从而大量脱落。

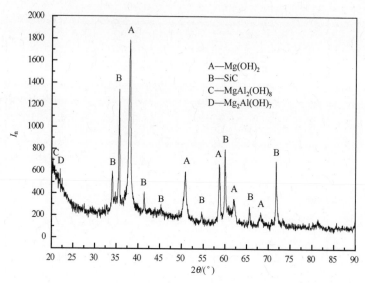

图6-7 挤压态复合材料在Na_2SO_4溶液中浸泡5天后的腐蚀产 XRD 衍射谱

图6-8是固溶态和挤压态的复合材料在 NaCl 溶液中浸泡 10min 后的扫描

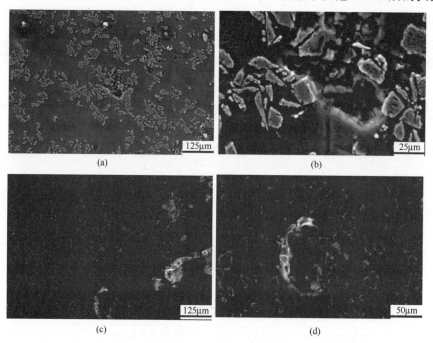

图6-8 SiCp/AZ91 复合材料在 NaCl 溶液中浸泡 10min 后的 SEM 表面形貌

(a)、(b) 固溶态;(c)、(d)挤压态。

174

照片。(a)、(b)两图是固溶态材料的表面形貌,可以看出,腐蚀坑主要出现在颗粒和基体合金的界面处,而且是在颗粒比较集中的区域,在没有颗粒的基体上,基本上没有蚀孔的产生。腐蚀坑很深,在基体和颗粒界面处的基体合金优先被腐蚀。而(c)图和(d)图是挤压态复合材料的表面形貌,其腐蚀的状态和固溶态材料很相似,腐蚀也是在颗粒和基体的界面处发生。因为颗粒/合金界面处的保护层容易破裂,如(b)图所示,在颗粒周围可以看见很大的腐蚀坑,腐蚀坑里基体合金上也有裂纹,这导致了基体和颗粒的结合变弱,从而不断脱落,腐蚀因此扩展。并且在腐蚀的初始阶段,复合材料对腐蚀并不敏感,自由腐蚀电位还处在自稳定状态,所以此时还不能看出固溶态和挤压态的复合材料的表面腐蚀程度区别。

图 6-9 是固溶态和挤压态的复合材料在 NaCl 溶液中浸泡 3h 后的扫描照片。随着浸泡时间的延长,在两种材料的表面上,很少有新的腐蚀坑产生。腐蚀坑在横向上不断变大,同时溶液不断的向腐蚀坑内部侵蚀,腐蚀程度加剧,腐蚀坑变大,腐蚀由此扩展。从上下两组图片中可以看出,挤压态的复合材料的腐蚀程度比固溶态的复合材料严重得多,前者的表面上覆盖着大量的腐蚀产物。

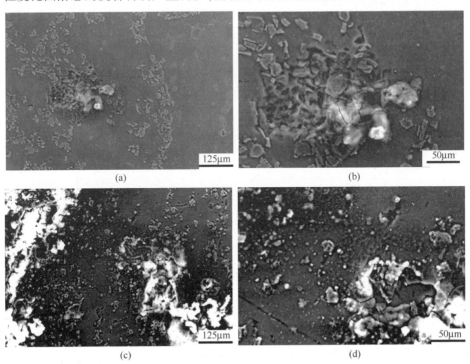

图 6-9　SiCp/AZ91 复合材料在 NaCl 溶液中浸泡 3h 后的 SEM 表面形貌

(a)、(b) 固溶态;(c)、(d)挤压态。

图 6-10 是复合材料在 Na_2SO_4 溶液中浸泡 10min 后表面的低倍和高倍扫描照片。(a)、(b) 两图是固溶态材料的表面形貌,(c) 图和 (d) 图是挤压态复合材料的表面形貌。与图中可以看出,两种材料在 Na_2SO_4 溶液中也是先在颗粒附近发生腐蚀,该处的基体被腐蚀掉,露出了整块的 SiC 颗粒,而在远离颗粒的区域则没有腐蚀坑产生。另外,挤压态材料的腐蚀程度比固溶态材料要严重一些,表面的腐蚀坑比较多。

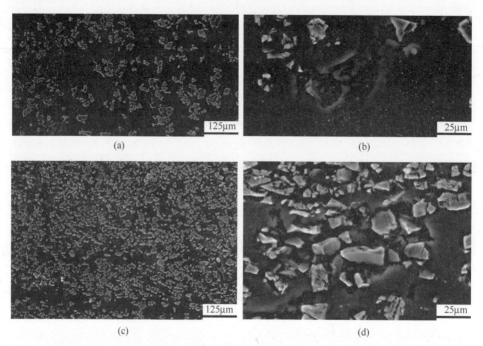

图 6-10 不同状态的 SiCp/AZ91 复合材料在 Na_2SO_4 溶液中浸泡 10min 后扫描照片
(a)、(b) 固溶态;(c)、(d)挤压态。

但是,根据 F. Zucch 的研究,SiCp/AZ80A 复合材料在 Na_2SO_4 溶液中浸泡 24h 后,自由腐蚀电位才达到稳定,而在 NaCl 溶液中 10min 左右就可以达到稳定。说明在这段时间内,不能够依据复合材料表面的腐蚀程度来判断其耐腐蚀性。所以,在本试验中,也不能够判断在 Na_2SO_4 溶液中浸泡 10min 后,哪种复合材料的耐腐蚀性最好。

图 6-11 是 SiCp/AZ91 复合材料在 Na_2SO_4 溶液中浸泡 24h 后表面的低倍和高倍扫描照片。可以看出,在经过长时间浸泡之后,固溶态复合材料腐蚀程度依然很轻,表面状态没有明显变化,而在(b)图中可以明显看到沿着颗粒与基体结合的界面上出现了一圈腐蚀裂纹,这是腐蚀的最初始形貌。而在挤压态复合材

176

料的表面上,则出现了比较多的腐蚀坑,并且腐蚀坑也开始变大变深。两种不同状态的复合材料,其腐蚀坑都是优先在基体合金与颗粒结合的界面上产生,这和材料在 NaCl 溶液中的情况是一样的。

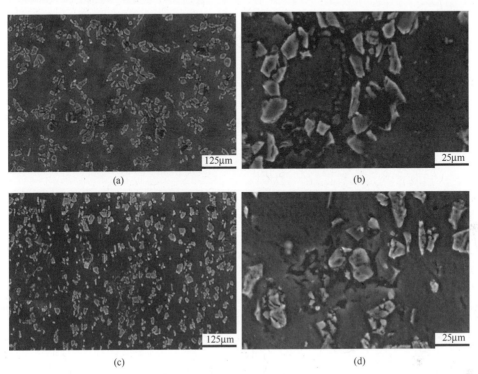

图 6-11　不同状态的 SiCp/AZ91 复合材料在 Na₂SO₄溶液中浸泡 24h 后扫描照片
(a)、(b) 固溶态;(c)、(d)挤压态。

图 6-12 是挤压态 SiCp/AZ91 复合材料经过不同温度、不同保温时间的退火后在 NaCl 溶液中浸泡 10min 后表面的扫描照片。(a) 和(b)图是 260℃退火 20min 的挤压态材料,(c) 和(d)图是 260℃退火 45min 后的挤压态材料,(e) 和(f)图是 350℃退火 45min 后的挤压态材料,(g) 和(h)图是 350℃退火 3h 后挤压态材料。由图中可以看出,在退火前后,挤压态复合材料的表面腐蚀程度没有明显的变化。和退火前一样,腐蚀也是在基体和颗粒的界面上优先开始。

图 6-13 是挤压态 SiCp/AZ91 复合材料经过不同温度、不同保温时间的退火后在 NaCl 溶液中浸泡 3h 后表面的扫描照片。随着时间的延长,复合材料表面上的腐蚀程度加剧,腐蚀坑变大变深,腐蚀坑里可以看到有露出来的增强体颗粒。另外,从图中可以看出,4 种材料腐蚀程度没有明显区别。

177

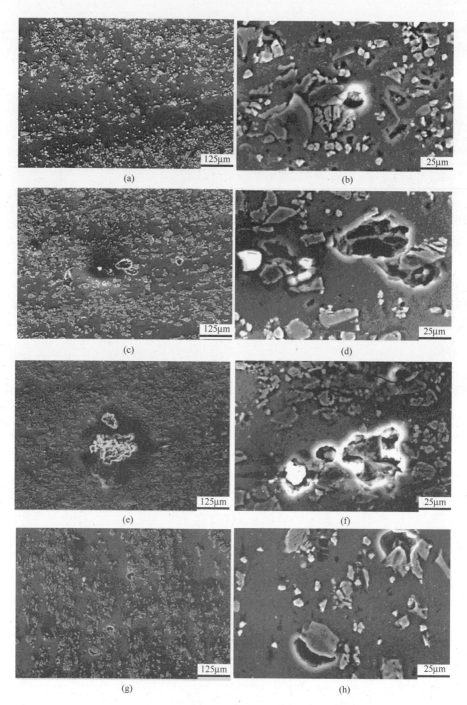

(a)   (b)

(c)   (d)

(e)   (f)

(g)   (h)

图 6-12   退火后的挤压态复合材料在 NaCl 溶液中浸泡 10min 后表面的扫描照片

图 6-13　退火后的挤压态复合材料在 NaCl 溶液中浸泡 3h 后表面的扫描照片
(a) 260℃退火 20min；(b) 260℃ 退火 45min，(c) 350℃退火 45min；(d) 350℃ 退火 3min。

6.3.3　不同状态的 SiCp/AZ91 复合材料的电化学腐蚀

图 6-14 是 SiCp/AZ91 复合材料在 3.5%(质量分数)NaCl 溶液中的动电位

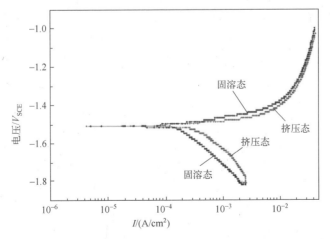

图 6-14　SiCp/AZ91 复合材料在 NaCl 溶液中的动电位极化曲线

极化曲线。可以看出,SiCp/AZ91 复合材料的腐蚀电位明显低于 AZ91 合金,腐蚀电流也要比 AZ91 合金大很多,这说明 AZ91 合金基体在引进了 SiC 颗粒之后,其耐蚀性大大降低。其中挤压态的 SiCp/AZ91 复合材料,从其腐蚀电流和电位可以看出,它的耐腐蚀性比固溶态材料要稍差一些,但是这种趋势不如 AZ91 合金那么明显。

图 6-15 是挤压态的 SiCp/AZ91 复合材料经过退火处理后,在 3.5%(质量分数)NaCl 溶液中的动电位极化曲线。从图中可以看出,4 种退火参数的材料的极化曲线区别不大,几乎重合,与未退火的挤压态相比,耐蚀性没有任何改善。

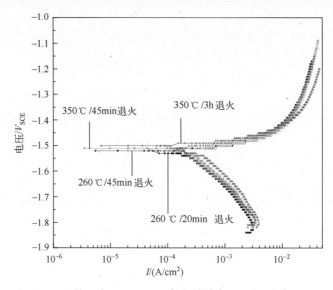

图 6-15 退火处理后的挤压态 SiCp/AZ91 复合材料在 NaCl 溶液中的动电位极化曲线

6.4 表面加工质量对 SiCp/AZ91 复合材料耐腐蚀性的影响

前面所做试验使用的复合材料试样,其表面都是经过抛光处理的,抛光后的表面非常光洁完整,几乎没有划痕。材料的表面质量对其耐腐蚀性影响很大。在本节中,着重研究表面没有抛光处理的 SiCp/AZ91 复合材料的耐腐蚀性,其中挤压态的复合材料截取的是表面平行于挤压方向的试样。

6.4.1 未抛光的 SiCp/AZ91 复合材料的浸泡腐蚀

表面未抛光的复合材料,一放入溶液中,就立即产生大量的气体,这种腐蚀剧烈程度比抛光处理后的复合材料严重很多。用肉眼可以观察到,在腐蚀的初始阶段,在气泡产生的地方,开始出现针尖大的腐蚀坑;随着时间的推移,腐蚀坑逐渐变大,最终连接形成腐蚀沟。

图 6-16 所示为表面没有抛光处理的 SiCp/AZ91 复合材料在 3.5%(质量分数)NaCl 溶液中浸泡 10min 后的 SEM 表面形貌。其表面腐蚀程度要比抛光处理后的复合材料严重得多,尤其以挤压态复合材料最为明显。观察固溶态复合材料的表面,无论是颗粒还是基体合金上都覆盖着一层厚厚的腐蚀产物保护层。但是该保护层的保护性很差,在保护层上有很多被 Cl⁻ 侵蚀而产生的很小的腐蚀坑。在挤压态复合材料的表面上也是如此,只是腐蚀坑已经比较大,而且可以观察到腐蚀坑又被腐蚀产物覆盖。

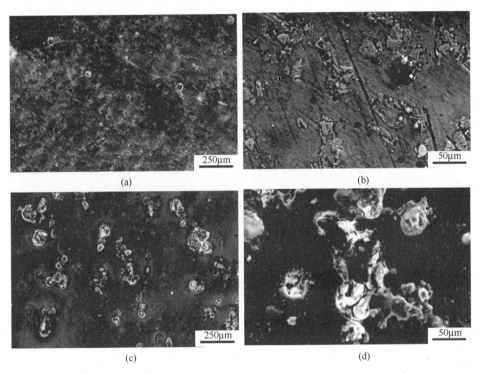

图 6-16　表面未抛光处理复合材料在 NaCl 溶液中浸泡 10min 后的试样表面形貌
(a)、(b) 固溶态;(c)、(d)挤压态。

图 6-17 所示为表面没有抛光处理的 SiCp/AZ91 复合材料在 3.5%(质量分数)NaCl 溶液中浸泡 60min 后的 SEM 表面形貌。复合材料表面上的腐蚀产物非常厚,很难观察到颗粒的存在。腐蚀坑同时向纵向和横向扩展,透过腐蚀坑可看到坑里有增强体颗粒露出。

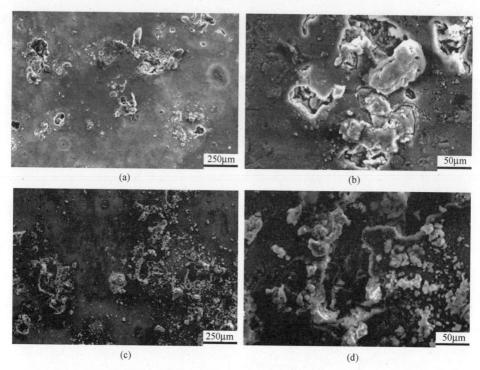

图 6-17　表面未抛光处理复合材料在 NaCl 溶液中浸泡 60min 后的试样表面形貌
(a)、(b) 固溶态；(c)、(d) 挤压态。

腐蚀坑一旦形成,就会使腐蚀溶液从腐蚀坑中长驱而入到保护层以下、材料表面以上的区域,同时腐蚀坑的入口又被腐蚀产物覆盖,造成了上述区域形成了一个封闭的电偶池,这也是表面未抛光的复合材料比抛光处理的材料耐腐蚀性差的原因之一。

在 6.3 节中,表面经过抛光处理的 SiCp/AZ91 复合材料,在 3.5%(质量分数)NaCl(质量分数)溶液中浸泡 10min 后,其表面上覆盖的腐蚀产物没有未抛光材料的厚,腐蚀先在基体合金与颗粒结合面上发生。而未抛光材料,不能从其腐蚀后的表面形貌上判断腐蚀优先从哪些区域开始,因为表面被很厚的腐蚀产物覆盖住了;而 Cl^- 侵蚀了保护层,钻进封闭的腐蚀坑,在腐蚀产物与复合材料之间的夹层里发生了强烈的腐蚀。

从以上结果可以看出,合金的表面粗糙程度对其耐腐蚀性有很大的影响,表面状态差的合金耐腐蚀性比较差;腐蚀一开始是局部腐蚀,随着腐蚀时间延长,很少有新的腐蚀坑产生,只是原有的腐蚀坑不断变深变宽,腐蚀由此扩展。而同固溶态复合材料相比,挤压态复合材料的耐腐蚀性更差,这同表面经过抛光的复合材料的腐蚀趋势是一样的。未抛光复合材料表面上的复合材料很厚,而这层保护层是不连续的;通常材料表面上连续的保护层对材料有抵御腐蚀的作用,而相反不连续的保护层却有加速腐蚀的作用。

6.4.2　未抛光的 SiCp/AZ91 复合材料的电化学腐蚀

图 6-18 是表面未抛光的挤压态和固溶态 SiCp/AZ91 复合材料在 3.5%(质量分数)NaCl 溶液中的动电位极化曲线。固溶态和挤压态复合材料的腐蚀电位相同,而后者的腐蚀电流密度明显大于前者,说明挤压态复合材料的耐腐蚀性不如固溶态的。而同抛光后的 SiCp/AZ91 复合材料的极化曲线相比,未抛光材料的腐蚀电流要大于前者。以上结果表明,在 NaCl 溶液中,表面未抛光的固溶态 SiCp/AZ91 复合材料耐腐蚀性好于挤压态;同表面抛光处理的复合材料相比,表面未抛光的材料耐腐蚀性很差。可见在实际的生产应用中,要对复合材料进行适当的表面处理,以覆盖住材料表面的孔洞和划痕等表面缺陷。

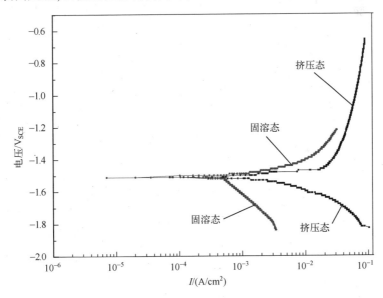

图 6-18　未抛光处理的 SiCp/AZ91 复合材料在 NaCl 溶液中的动电位极化曲线

参 考 文 献

[1]　Song Guangling. Influence of Cerium on Corrosion of AZ91 Magnesium Alloy. Corrosion Science,1998, 40
　　　(10):1769-1791.

[2]　Song Guangling. Corrosion Mechanisms of Magnesium Alloys. Advanced Engineering Materials,1999,1
　　　(1):11-33.

［3］ 吴丽娟. 热挤压对 AZ91 镁合金和 SiCp/AZ91 复合材料腐蚀行为的影响. 哈尔滨:哈尔滨工业大学,2007

［4］ Trzaskoma. Pit Morphology of Aluminum Alloy and SiC/Aluminum Metal Matrix Composites. Corrosion, 1990, 46(5): 402-409.

［5］ 陆峰,郑卫东,岳文华等. 铝基复合材料的腐蚀研究现状. 表面技术,1998,27(6): 20-21.

［6］ Coleman S L, Scott V D. Mechanism of film growth during anodizing of A1-alloy-8090/SiC metal composites. Materials Science,1994,29: 2826.

［7］ 胡津. 退火处理对 SiCw/Al 复合材料应力腐蚀开裂行为的影响. 中国腐蚀与防护学报,1999, 19(5): 296-300.

［8］ Tiwari S. Corrosion Behavior of SiC Reinforced Magnesium Composites Corrosion Science,2006, 5(47): 1-15.

［9］ 张兆辉. 碳化硅晶须增强铝基复合材料的腐蚀行为研究进展. 中国锰业,2002, 20(2): 36-38.

［10］ 刘维镐. 高阻尼铝基复合材料在海水中的腐蚀行为. 功能材料与器件学报,2001, 7(2): 195-198.

［11］ Zucchi F. Corrosion Behavior in Sodium SulfateAnd Sodium Chloride Solutions of SiCp Reinforced Magnesium Alloy Metal Matrix Composites. Corrosion,2004, (27): 362-368

［12］ Yue T M. The Effect of Machined Surface Condition On the Corrosion Behavior of Magnesium ZM51/SiC Composite,2004, 19(2): 123-138.

第7章 SiCp/AZ91复合材料微弧氧化涂层的制备与组织性能

7.1 引　言

镁在常用介质中的平衡电位也都很低,因此镁在与其他材料接触时容易发生电偶腐蚀。在干燥的大气中,镁表面形成的氧化物膜对基体虽然有一定的保护作用,但是氧化膜疏松多孔,致使镁及镁合金耐蚀性较差,呈现出很高的化学和电化学活性。这种情况在镁或镁合金中加入增强相以后可能会变得更加严重。

对于镁基复合材料而言,增强相的加入通常会改变基体的腐蚀行为。复合材料在制备过程中引入的结构缺陷,例如微小的裂缝和气孔,以及复合材料中的腐蚀电偶对等都会导致基体局部腐蚀的加剧,使镁基复合材料通常比镁合金更容易腐蚀。另外,增强相可能会破坏复合材料表面保护膜的完整性而促进复合材料的局部腐蚀。一些镁基复合材料甚至在制造、储存或运输时就发生严重腐蚀。因此,对于纯镁、镁合金及镁基复合材料,尤其是镁基复合材料,若没有经过合适的表面防护处理几乎无法在实际中应用。

因此,提高镁基复合材料的耐腐蚀性能十分必要。本章将研究微弧氧化表面处理技术,制备镁基复合材料的保护涂层,研究微弧氧化工艺参数、涂层组织结构与涂层性能之间的关系,为镁基材料的实际应用提供保障,为镁基材料的微弧氧化处理提供理论指导。

7.2 微弧氧化工艺试验方法与条件

7.2.1 微弧氧化处理的工艺设计

采用65kW双极脉冲微弧氧化设备对基底材料进行表面处理。微弧氧化装置主要由交流脉冲电源、电解槽、搅拌系统和冷却系统组成。微弧氧化处理过程中,试样和不锈钢板分别作为阳极和阴极。微弧氧化试验可以采用恒电流和恒电压两种控制模式。在恒电流控制模式下,电流密度、脉冲频率和占空比等电参数可以独立调节,此时电压随微弧氧化处理的时间而变化,电压变化趋势可以反映涂层生长情况;在恒电压控制模式下,电压、脉冲频率和占空比等电参数可以独立调节,此时电流随微弧氧化处理的时间而变化。图7-1为微弧氧化电源输出的脉冲波形示意图。

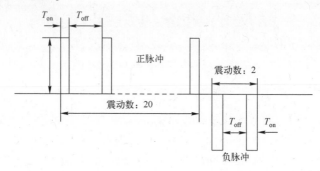

图7-1 微弧氧化电源输出脉冲波形示意图

试样经线切割成圆片状,直径为25mm,厚度为3mm。在微弧氧化处理之前,试样需要经过打磨抛光去掉线切割痕迹,再放入丙酮中用超声波清洗除油,然后烘干即可。

本书主要研究采用硅酸盐体系电解液制备的微弧氧化涂层,选用的偏铝酸盐体系电解液制备涂层仅用于涂层物相分析等对比研究。电解液的主要成分如表7-1所列。

表7-1 微弧氧化处理所用电解液成分

| 1 | 硅酸盐体系电解液 | Na_2SiO_3 - KF - KOH - 其他成分 |
| 2 | 铝酸盐体系电解液 | $NaAlO_2$ - KF - KOH - 其他成分 |

采用硅酸盐体系电解液,考察电参数(电压、脉冲频率、占空比、电流密度)对涂层生长与涂层组织结构的影响规律。电参数设计如表7-2所列。微弧氧化试验过程中,负脉冲的电参数(包括脉冲频率和占空比)始终保持不变。占空比(Duty Cycle, d)定义为脉冲开时间(t_{on})占脉冲开时间与脉冲关时间(t_{off})的总和的百分比,即

$$d = \frac{t_{on}}{t_{on} + t_{off}} \times 100\% \tag{7-1}$$

7.2.2 微弧氧化涂层耐腐蚀性能的评价

本书对微弧氧化涂层耐腐蚀性能测试的腐蚀介质均采用3.5%的NaCl水溶液,pH值为6.5。溶液由蒸馏水配制,NaCl为分析纯试剂。

1. 涂层厚度测量

采用涡流测厚仪(ED-300型)测量微弧氧化涂层的厚度,测试若干点后,涡流测厚仪会自动给出测量的平均值和标准偏差。为了降低测量误差,在圆片状试样两侧的涂层表面分别随机选取7个点进行测试,取其平均值作为测量结果。

表7-2 微弧氧化处理电参数设计

电流密度/(A/dm^2)	电压/V	频率(+/-)/Hz	占空比(+/-)/%
4 6 10 14	随时间变化	600/300 600/300 600/300 600/300	8/1 8/1 8/1 8/1
随时间变化	250 300 350 400	600/300 600/300 600/300 600/300	8/1 8/1 8/1 8/1
随时间变化	350 350 350	200/300 600/300 1000/300	8/1 8/1 8/1
随时间变化	350 350 350	600/300 600/300 600/300	4/1 8/1 12/1

2. 浸泡试验测量腐蚀失重

在室温下将微弧氧化处理前后的试样浸泡于NaCl水溶液中,定期将试样取出,清除样品表面沉积的腐蚀产物后,测量试样的失重量,计算单位面积的腐蚀失重量,再将试样放入溶液中继续浸泡试验。溶液与试样面积的比例为200mL/cm^2。试样腐蚀前后的重量由电子天平(JA2003型)测量,测量精确度为0.1mg。

3. 电化学试验

电化学试验采用恒电位仪(M273型)。试验采用三电极系统,试样作为工作电极,饱和甘汞电极(SCE)作为参比电极,碳棒作为对偶电极。试样的被测试面积均为1cm^2。

测量微弧氧化处理前后的试样在NaCl水溶液中的动电位极化曲线。测试软件为M352 SoftCorrⅢ。在极化试验开始之前,一般要先经过5~10min的稳定时间,电位扫描速率设为0.5mV/s,扫描从-250mV(相对于开路电位-OCP)开始向电位的正方向进行,直至涂层发生破坏。

测量微弧氧化处理前后的试样在NaCl水溶液中的交流阻抗谱。测试软件为Powersuite。在相对开路电位的条件下,正弦交流信号幅值10mV,测试频率范围100kHz、0.01Hz(每个数量级取4点),稳定时间为30min。测试的等效电路图如图 7-2 和图 7-3 所示,其中,R_s 为电解质的电阻,R_e 为涂层电阻,R_p 为电荷传输电阻,C_d 为金属界面的特征电容,C_c 为涂层电容。

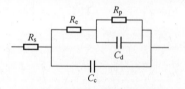 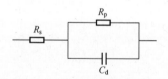

图 7-2　微弧氧化涂层交流　　　图 7-3　无涂层镁基材料交流
阻抗谱测试等效电路图　　　　　阻抗谱测试等效电路图

7.3　电参数对涂层组织结构的影响

本研究采用的高可控微弧氧化脉冲电源,其可控性体现在它可允许正负脉冲电参数(电压/电流、频率、占空比)在可控范围内任意调节。电压与电流是一对相互依赖因素,固定电压值(恒压控制模式),则电流密度作为反馈随之变化;固定电流密度(恒流控制模式,则电压作为反馈随之变化),氧化过程中正负脉冲的幅值相等,如图 7-1 所示。无论采取恒电流控制模式还是恒电压控制模式,都有 3 个电参数可以独立调节,这为微弧氧化涂层组织结构的调整提供了较为广泛的空间。揭示电参数对微弧氧化涂层微观组织结构的影响规律,可以为优化涂层质量提供理论依据。

由图 7-1 可见,数量较少的负脉冲分散在正脉冲阵列中。负脉冲仅能够起到中断连续阳极火花放电的作用,允许涂层生成物冷却并诱使可熔组分重新转化为金属氧化物。相对于负脉冲来说,正脉冲才能在微弧氧化过程中对涂层的形成起决定作用。因此,本节以增强体体积分数为 10% 的 SiCp/AZ91 复合材料在硅酸盐体系电解液中的微弧氧化为例,研究正脉冲电参数对微弧氧化涂层组织结构的影响规律,负的脉冲频率和占空比始终保持恒定。试验的电参数设计如表 7-1 所列。

7.3.1　脉冲电压的影响

采用恒电压控制模式,在 10% 复合材料表面制备的微弧氧化涂层的厚度随脉冲电压的变化曲线如图 7-4 所示。涂层厚度随电压的升高而呈线性增加,增加速度很快。在较低的电压下,SiCp/AZ91 复合材料表面微弧氧化涂层难以生长,得到涂层的厚度较低;而当电压升高至 400V 时,涂层厚度达到将近 $20\mu m$ 左右。图 7-5 为 10% 复合材料在不同电压下制备微弧氧化涂层的表面形貌。由图可见,该复合材料表面形成的涂层呈现多孔形貌,具有微弧氧化涂层的典型特征。随着应用电压的提高,涂层表面放电残留微孔的尺寸增大,而单位面积上微孔的数量也随之减少。在 400V 电压下制备的涂层表面,可以观察到一些尺寸较大的孔洞里面还存在一个或几个尺寸较小的放电残留微孔,这是在同一位置反复发生击穿放电的结果。

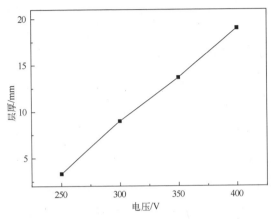

图 7-4　10%复合材料表面微弧氧化涂层厚度随脉冲电压变化曲线

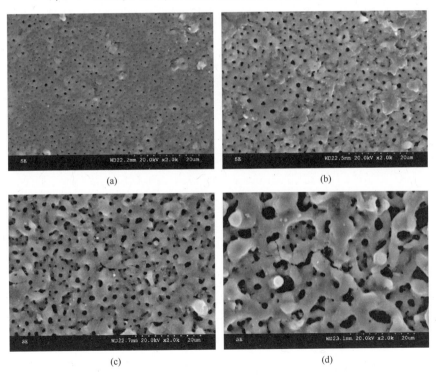

图 7-5　10%复合材料在不同电压下制备的微弧氧化涂层的表面形貌

(a) 250V;(b) 300V;(c) 350V;(d) 400V。

由图 7-5(d)同时可以发现,在较高电压下制备的涂层表面出现少量的微裂纹,这可能是由高电压下剧烈的火花放电或涂层内部残余应力释放导致的。涂层在生长过程中形成的内部残余应力会诱发微裂纹,并且随着电压升高,涂层厚度增大,涂层内部的残余应力也随之增强,因此在比较高电压下制备的微弧氧化涂层会出现微裂纹。

7.3.2　电流密度的影响

采用恒电流控制模式,在不同电流密度下对 10%复合材料进行微弧氧化处理时的电压随时间变化曲线如图 7-6 所示。随着时间的延长,电压逐渐升高,直至达到一个相对稳定的状态。微弧氧化过程中,同一时间点上的电压值随电流密度的提高而增大,最终稳定状态的电压值也随电流密度的提高而增大。当电流密度较小时(如 $4A/dm^2$),在整个微弧氧化过程中,电压的升高速度变化不大;但当电流密度较高时(如 $10A/dm^2$、$14A/dm^2$),电压的升高速度大致分为两个阶段,在微弧氧化的初期阶段,电压的升高速度相对较大,随着微弧氧化时间的延长,电压升高速度才逐渐降低,直至电压几乎不再增长。

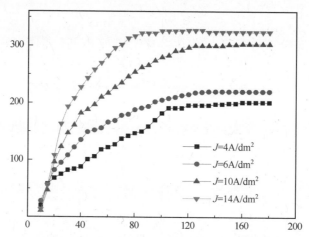

图 7-6　10%复合材料在不同电流密度微弧氧化处理时电压随时间变化曲线

图 7-7 所示为 10%复合材料表面微弧氧化涂层厚度随电流密度的变化曲线。可见,随着电流密度的增加,涂层厚度开始增加较快,后面趋于稳定。在电流密度为 $14A/dm^2$ 时,涂层厚度达到 $10\mu m$ 左右。

图 7-8 所示为采用不同电流密度在 10%复合材料表面制备的微弧氧化涂层的表面形貌。可见,随着微弧氧化电流密度的增加,涂层表面放电残留微孔的

190

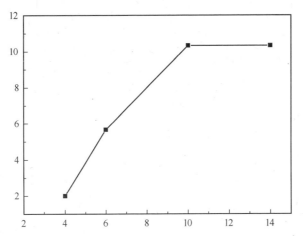

图 7-7　10%复合材料表面微弧氧化涂层厚度随电流密度变化曲线

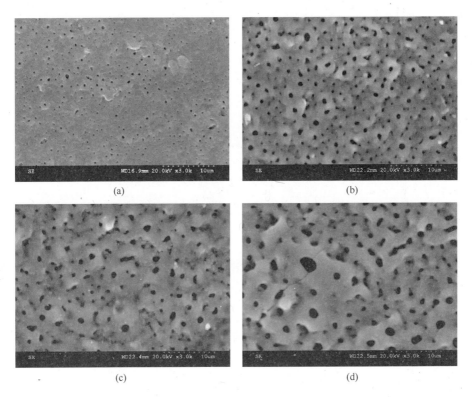

图 7-8　10%复合材料在不同电流密度下制备的微弧氧化涂层的表面形貌

(a) 4A/dm^2; (b) 6A/dm^2; (c) 10A/dm^2; (d) 14A/dm^2。

尺寸增大,并且逐渐出现同一位置重复击穿放电的现象。当电流密度为 4A/dm² 时,不仅放电残留微孔的尺寸很小,且数量较少,这与低电流密度下的火花放电现象相一致。此时,击穿放电比较微弱,火花数量较少,必然导致微弧氧化涂层表面的微孔尺寸小、数量少。当电流密度达到 14A/dm² 时,涂层表面出现少量微裂纹,如图 7-8(d) 所示。产生原因与前面提及的在较高电压下制备的微弧氧化涂层表面出现微裂纹的原因是一致的。

7.3.3 频率的影响

在恒电压模式下,固定其他电参数(电压 350V,占空比 8%) 在 10% 复合材料表面制备的微弧氧化涂层的厚度随频率的变化曲线如图 7-9 所示。频率为 200Hz 时,涂层厚度为 14μm。随着频率的增大,涂层厚度缓慢减小,当频率 1000Hz 时涂层厚度减小为 12.6μm。

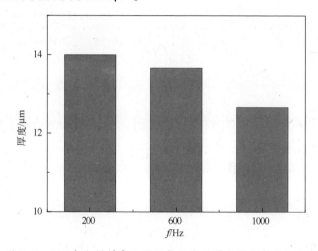

图 7-9　10% 复合材料表面微弧氧化涂层厚度随频率变化曲线

图 7-10 所示为 10% 复合材料表面微弧氧化涂层表面形貌随频率的变化。当频率由 200Hz 增大到 1000Hz 时,涂层表面微孔的孔径减少,单位面积微孔数目增加,涂层表面更为平整。频率为 200Hz 时,涂层表面有微孔相连和微裂纹。因为随频率的减小,单位时间脉冲震荡的次数减少,单位时间发生击穿区域的数量减少,单脉冲能量也就越大,发生一次击穿时能量也大,涂层表面放电微孔孔径较大,同时,涂层内部的残余应力也随之增强,从而导致了微孔相连和微裂纹的产生。

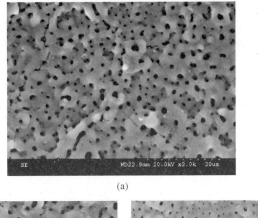

(a)

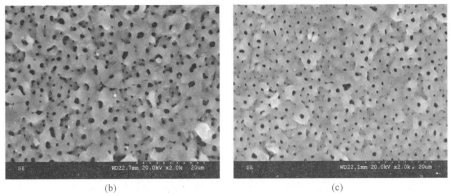

(b)   (c)

图 7-10   10%复合材料在不同频率下制备的微弧氧化涂层的表面形貌

(a) 200Hz;(b) 600Hz;(c) 1000Hz。

7.3.4   占空比的影响

交流脉冲组成中,交流正脉冲放电使涂层快速生长;而负脉冲则抑制涂层转化为易溶解的化合物或阻止涂层直接溶解,促使涂层表面均匀一致。在恒电压模式下,固定其他电参数(电压 350V,频率 600Hz)在 10%复合材料表面制备的微弧氧化涂层的厚度随占空比的变化曲线如图 7-11 所示。占空比为 4%时,得到涂层厚度为 10.6μm,随着占空比的增加,涂层厚度增大较快,占空比为 12%时,得到涂层厚度为 16μm。

在 10%复合材料表面制备的微弧氧化涂层的表面形貌随占空比的变化曲线如图 7-12 所示。由图可见,随着占空比的增加,微弧氧化涂层的微孔单位面积数量减少、孔径增加。当占空比为 12%时,还出现了微裂纹,表面变得粗糙。

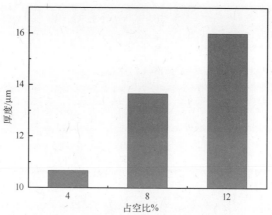

图 7-11　10%复合材料表面微弧氧化涂层厚度随占空比变化曲线

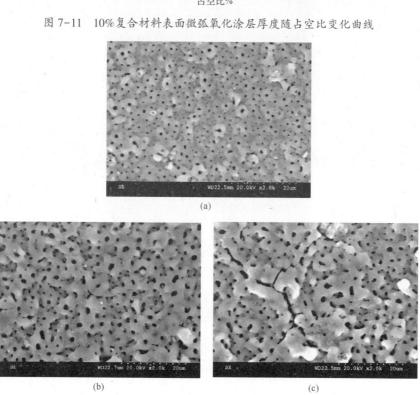

(a)

(b)　　　　　　　　　　　(c)

图 7-12　10%复合材料在不同占空比下制备的微弧氧化涂层的表面形貌
(a) 4%;(b) 8%;(c) 12%。

7.3.5　电参数对涂层组织形貌的影响规律讨论

在微弧氧化过程中,火花放电的剧烈程度和涂层生长速度取决于施加在试样上的能量密度的大小。在恒电压控制模式下,在脉冲电压、脉冲频率和占空比等3个可以独立调节的电参数中,提高电压、降低频率、提高占空比都将增加能量密度;在恒电流控制模式下,在电流密度、脉冲频率和占空比等3个可以独立调节的电参数中,提高电流密度、降低频率、提高占空比也将增加能量密度。所以,在高的电压或电流密度、低的脉冲频率、高的占空比条件下进行微弧氧化处理时,击穿放电现象会比较剧烈,而剧烈的火花放电将导致较大尺寸的放电残留微孔和较快的涂层生长速度。本书关于电参数对 SiCp/AZ91 复合材料表面微弧氧化涂层微观组织结构影响规律的研究与其他研究者的结果相一致。

7.3.6　涂层的相组成分析

　　试验表明,电参数的变化对于 SiCp/AZ91 复合材料表面微弧氧化涂层相组成的影响不大,所以本节仅以恒压 350V 下制备的涂层为例研究涂层的相组成。

　　图 7-13 所示为采用硅酸盐体系电解液在 10% 复合材料表面制备的微弧氧化涂层的 XRD 谱。由于涂层厚度较小,谱图中出现了来自基底的 Mg 和 SiC 相的衍射峰。图中未进行标注的峰为来自基底的 α-SiC 相。XRD 结果表明,微弧氧化涂层的物相以晶态的 MgO 相为主,还有少量晶态的 Mg_2SiO_4 相。采用含有 Na_2SiO_3 的电解液在镁合金表面制备的阳极氧化涂层也被证实含有 Mg_2SiO_4 相,说明 SiO_3^{2-} 离子参与了涂层的形成。

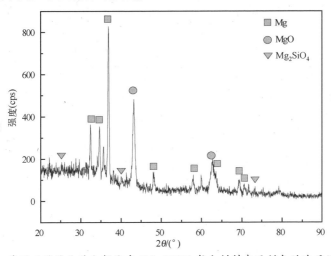

图 7-13　采用硅酸盐体系电解液在 SiCp/AZ91 复合材料表面制备的涂层的 XRD 谱

7.4　电解液对涂层组织结构的影响

　　本节以 10% 复合材料分别在硅酸盐和偏铝酸盐体系电解液中制备的微弧

氧化涂层为例,研究电解液成分对微弧氧化涂层组织结构的影响。微弧氧化试验采用恒电压控制模式。正负脉冲频率和占空比分别为600Hz(+)/300Hz(-)、8%(+)/1%(-)。

图7-14所示为10%复合材料在不同电解液中制备的微弧氧化涂层厚度的比较。由图可见,在相同的电参数条件下,在偏铝酸盐体系电解液中制备的微弧氧化涂层的厚度要明显低于在硅酸盐体系电解液中制备的涂层的厚度。

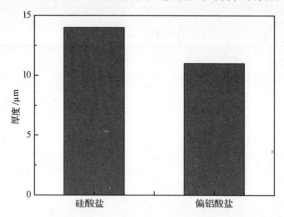

图7-14 10%复合材料在不同电解液中制备的微弧氧化涂层厚度比较

从宏观形貌上看,SiCp/AZ91复合材料在偏铝酸盐体系电解液中制备的微弧氧化涂层比在硅酸盐体系电解液中制备的涂层的光洁程度要好。微观上,10%复合材料在不同电解液中制备的微弧氧化涂层的表面形貌如图7-15所示。在偏铝酸盐体系电解液中制备的微弧氧化涂层表面的微孔更均匀细小。

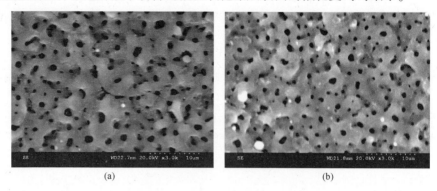

(a)   (b)

图7-15 10%复合材料在不同电解液中制备的微弧氧化涂层的表面形貌
(a)硅酸盐体系电解液;(b)铝酸盐体系电解液。

图7-16为采用偏铝酸盐体系电解液在10%复合材料表面制备的涂层的 XRD

196

谱。谱图中包含来自基底的 Mg 和 SiC 相的衍射峰。图中未进行标注的峰为基底中的 α-SiC 相。与在硅酸盐体系电解液中制备的涂层的相组成类似,偏铝酸盐体系电解液对应的涂层物相也以晶态的 MgO 相为主,并且含有 $MgAl_2O_4$ 相及 SiO_2 非晶相(2θ 在 $20°\sim40°$ 的范围内出现 SiO_2 的宽化峰)。

在含有硅酸盐的电解液中制备的微弧氧化涂层包含有 SiO_2 非晶的现象已经被其他研究者所证实,说明电解液中的 SiO_3^{2-} 离子参与涂层生长而形成了 SiO_2 非晶。事实上,L. L. Gruss 等早在 20 世纪 60 年代研究阳极火花沉积产物时,就已经证实 Na_2SiO_3 溶液制备的涂层含有 SiO_2 非晶,而 S. D. Brown 等在 70 年代左右研究铝等基底材料在 $NaAlO_2$ 和 Na_2SiO_3 溶液中的阳极火花沉积时发现,采用硅酸盐溶液制备的涂层含有大量的非晶物质,而在铝酸盐溶液中制备的涂层则含有大量的晶态物质。但是,对比图 7-13、图 7-16 发现,无论电解液中是否含有硅酸盐,在 SiCp/AZ91 复合材料表面制备的微弧氧化涂层均包含有 SiO_2 非晶相,则对于在铝酸盐体系电解液(不含硅酸盐)中制备的涂层,SiO_2 非晶中 Si 元素的来源只有可能是 SiC 颗粒,这说明基底材料中的 SiC 颗粒在复合材料进行微弧氧化处理时发生氧化形成了 SiO_2 非晶。

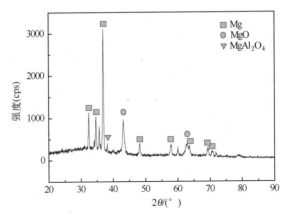

图 7-16　10%复合材料在偏铝酸盐体系电解液中制备的涂层的 XRD 谱图

SiC 颗粒是一种陶瓷相,本身不具备阀金属的特性,所以 SiC 颗粒表面不能形成微弧氧化涂层开始生长所必需的阻挡层。但是,微弧氧化涂层的物相分析表明,SiC 颗粒在复合材料的微弧氧化过程中并不是稳定存在,而是发生氧化形成 SiO_2 非晶,参与了涂层的形成过程,使氧化产物成为涂层的组成相之一。

7.5　不同镁基材料微弧氧化涂层的组织结构

本节通过研究 AZ91 合金与体积分数分别为 5%、10% 和 15% 的 SiCp/AZ91 复合材料进行微弧氧化处理后涂层的组织结构,探讨 SiC 颗粒对复合材料的微弧氧化行为的影响。3 种不同体积分数的复合材料在微弧氧化处理前的表面形貌如图 7-17 所示。由图可见,SiC 颗粒均匀地分布在 AZ91 基体合金中,随着增强体体积分数的增加,分布在复合材料表面的 SiC 颗粒的数量也增加。由前面的分析可知,SiC 颗粒不具备阀金属的特性,不能形成在微弧氧化初期微弧氧化涂层开始生长所需的阻挡层,所以复合材料中 SiC 颗粒的体积分数势必会对复合材料的微弧氧化行为和涂层的组织结构有所影响。

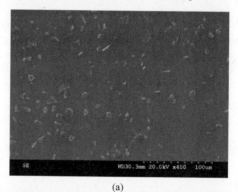

(a)

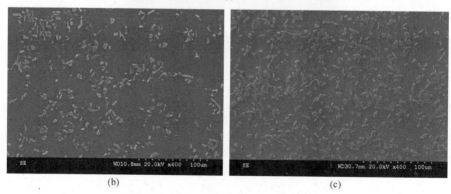

(b)　　　　　　　　　　　　　　(c)

图 7-17　不同增强体体积分数的 SiCp/AZ91 镁基复合材料的表面形貌
(a) 5%复合材料;(b) 10%复合材料;(c) 15%复合材料。

7.5.1　不同镁基材料的微弧氧化行为

采用恒电流模式对材料进行微弧氧化处理时,电压随着时间的变化趋势可

198

以在一定程度上反映涂层的生长过程。在微弧氧化初始阶段,基底表面形成电绝缘的阻挡层是发生击穿放电的必要条件,而击穿放电的发生标志着微弧氧化涂层生长的开始。如果电解液和电参数选择适当,阻挡层将在很短的时间内迅速形成。而为了保持电流密度恒定,电压需要随着阻挡层的形成而升高,所以电压在微弧氧化初期的快速升高阶段说明此时基底表面形成了电绝缘的阻挡层。当电压升高到阻挡层的临界击穿电压值时,就发生介电击穿和火花放电,此后电压升高速度明显下降,进入微弧氧化涂层的生长增厚阶段,直至电压达到相对稳定的状态,涂层逐渐停止生长。

图 7-18 是 AZ91、5%复合材料、10%复合材料和 15%复合材料在不同电流密度进行微弧氧化处理时,电压随时间的变化规律。由图可见,无论电流密度较低还是电流密度较高时,AZ91 合金的电压随时间变化过程明显分为两个阶段:微弧氧化初期电压迅速上升阶段和之后电压逐渐稳定阶段,说明在微弧氧化初

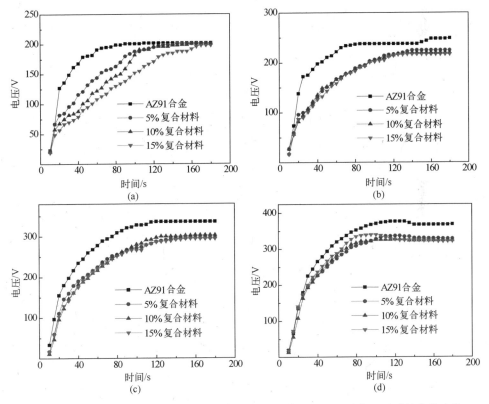

图 7-18　4 种镁基材料在不同电流密度下进行微弧氧化处理时的电压随时间变化曲线
(a) 4A/dm^2;(b) 6A/dm^2;(c) 10A/dm^2;(d) 14A/dm^2。

期阶段 AZ91 合金表面能快速形成完整的阻挡层。在电流密度为 4A/dm² 时,3 种体积分数的复合材料初期电压快速上升的阶段不明显,电压以较低的速率升高直至达到稳态电压,而且随着增强相的增加,电压升高速率变小。这说明,SiC 颗粒的存在影响了电绝缘阻挡层的完整性。随着电流密度的增加,3 种增强体体积分数的复合材料的电压变化规律趋于一致,复合材料在微弧氧化初期也出现了电压快速上升的阶段,合金在电压演变趋势上的区别逐渐减小。当电流密度达到 14A/dm² 时,4 种镁基材料的电压演变趋势已经比较相似,说明提高电流密度在一定程度上可以改善 SiCp/AZ91 复合材料表面阻挡层的形成情况。

表 7-3 是不同电流密度下不同基底材料在微弧氧化初期阶段电压升高速率和最后的稳态电压对比。由表可见,随着电流密度的增加,4 种镁基材料在微弧氧化初始阶段的电压升高速率增加,最终的稳态电压也随着电流密度的增加而提高。随着电流密度的增加,跟 AZ91 镁合金比起来,SiCp/AZ91 镁基复合材料在微弧氧化初始阶段的电压升高速率的区别减小,而最终的稳态电压上的差距增大。这说明随着电流密度的增大,有利于 SiCp/AZ91 复合材料在微弧氧化初期阻挡层的形成,而 SiC 颗粒附近的微弧氧化涂层可能不够致密完整,所以复合材料的稳态电压会低于合金的稳态电压。

表 7-3 4 种镁基材料在微弧氧化初期阶段的电压升高速率(R)和稳态电压(U)

参数 基底材料	4A/dm²		6A/dm²		10A/dm²		14A/dm²	
	$R/(V/s)$	U/V	$R/V/s$	U/V	$R/V/s$	U/V	$R/V/s$	U/V
AZ91 合金	10.4	202	11.1	249	12.1	336	12.6	369
5%复合材料	6	201	7.9	225	8.4	296	12.1	329
10%复合材料	4.8	201	7.1	220	8.5	303	9.5	324
15%复合材料	3.8	198	5.4	217	8.7	294	12.1	322

7.5.2 不同基底材料涂层微观形貌比较

在恒电流模式下,4 种镁基材料表面经过微弧氧化处理生成的涂层的表面形貌如图 7-19(A/dm²)和图 7-20(10A/dm²)所示。由图 7-19 可见,电流密度为 4A/dm² 时,AZ91 合金表面涂层呈现均匀的多孔形貌,涂层表面比较平滑(图 7-19(a));SiCp/AZ91 复合材料在相同条件下制备的涂层跟增强体的体积分数有关,当体积分数较小(如 5%)时,涂层表面的微孔也比较均匀,随着体积分数的增加,涂层表面出现一些白色的小颗粒,这可能与 SiC 颗粒在微弧氧化过程中发生的氧化有关。当电流密度提高至 10A/dm² 时,AZ91 合金表面涂层微孔尺寸较大,且一些微孔周围有明显的熔融物急冷凝固留下的痕迹(图7-20(a))。火花放电导致涂层局部温度升高而使放电区熔化,火花熄灭后熔融区迅速凝固,使该区域涂层增厚,高电流密度导致强烈的火花放电,从而使AZ91合金表面涂层的熔化、凝固区较大。在电流密度达到10A/dm²时,复合材料表面的微孔数量较少且较均匀。

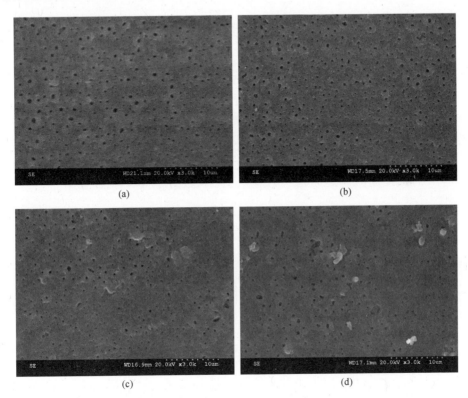

图7-19 4种镁基材料在电流密度为4A/dm²制备的微弧氧化涂层的表面形貌

(a) AZ91合金;(b) 5%复合材料;(c) 10%复合材料;(d) 15%复合材料。

在恒电压模式下,4种镁基材料表面经过微弧氧化处理生成的涂层的表面形貌如图7-21所示。可见,AZ91合金表面涂层的微孔分布均匀细小,且微孔尺寸分散度小。随着增强体体积分数的增加,SiCp/AZ91复合材料表面涂层的微孔尺寸分散度增加,有的微孔直径达5μm左右,同时存在许多直径不到1μm的小孔。涂层的形貌特征与微弧氧化过程中的火花放电现象是一致的。AZ91合金在微弧氧化过程中可观察到许多相对细小的火花均匀分布在试样表面并快速游动,这样的火花放电形成的微孔相对均匀细小。在SiCp/AZ91复合材料微

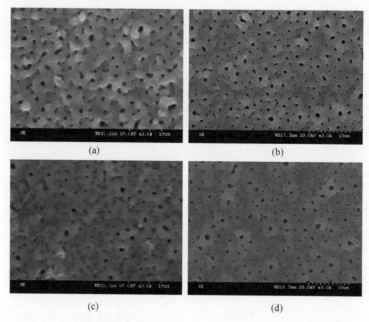

图7-20　4种镁基材料在电流密度为10A/dm²制备的微弧氧化涂层的表面形貌
(a) AZ91合金;(b) 5%复合材料;(c) 10%复合材料;(d) 15%复合材料。

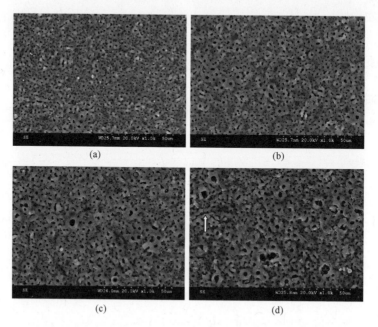

图7-21　恒电压模式下采用相同电压在4种镁基材料表面制备的涂层的表面形貌
(a) AZ91合金;(b) 5%复合材料;(c) 10%复合材料;(d) 15%复合材料。

弧氧化过程中,细小火花和一些大尺寸的火花同时存在,导致放电残留微孔尺寸上的不均匀,增强相体积分数越大,这种现象越明显。同时,增强体体积分数为15%的复合材料表面出现了一些微裂纹,说明要避免微裂纹的产生,对增强体体积分数大的复合材料应该相应降低微弧氧化电压。

AZ91 合金、5%复合材料、10%复合材料和15%复合材料 4 种镁基材料表面微弧氧化涂层的典型组织形貌如图 7-22 所示。4 种基底材料在涂层的截面组织形貌上没有明显的区别,各涂层与基底之间结合状态良好,界面处没有裂缝和其他明显的结构缺陷存在,这是微弧氧化涂层在基底材料上原位生长而成的结果。同时,由于微弧氧化涂层在基底的不同部位向基底材料内部生长的程度不同,导致涂层与基底之间的界面不是完全平直的,而是有一定程度的波动。图 7-23 是 SiCp/AZ91 复合材料表面颗粒处微弧氧化涂层的典型界面组织形貌。可见,基底材料表面的 SiC 颗粒并没有破坏微弧氧化涂层的完整性,但它会阻碍涂层向基底材料内部生长使得该处涂层的厚度较小。

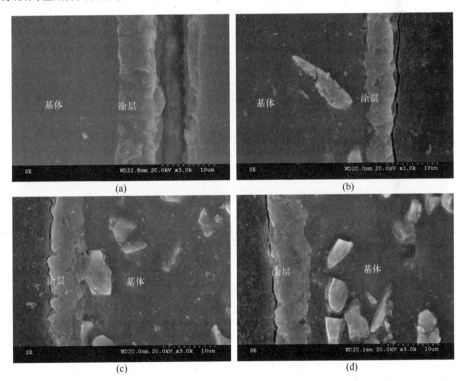

(a)

(b)

(c)

(d)

图 7-22　4 种镁基材料表面微弧氧化涂层的典型截面组织形貌

(a) AZ91 合金;(b) 5%复合材料;(c) 10%复合材料;(d) 15%复合材料。

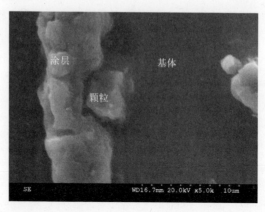

图 7-23 SiCp/AZ91 复合材料表面颗粒处微弧氧化涂层的典型界面组织形貌

　　为了进一步了解和揭示不同镁基材料表面微弧氧化涂层特征的区别,本节还对 AZ91 合金和不同体积分数的 SiCp/AZ91 复合材料的拉伸件进行微弧氧化处理,进行拉伸试验,然后对 4 种镁基材料的拉伸断口进行组织观察。图 7-24

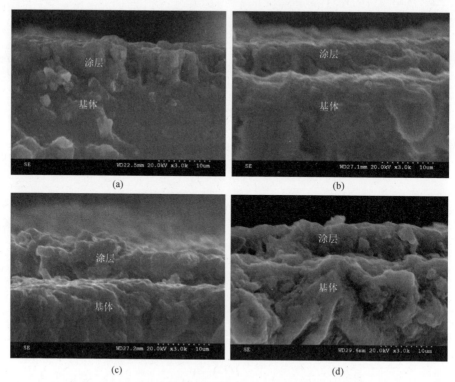

图 7-24 微弧氧化处理的 4 种镁基材料拉伸试验后的断口形貌
(a) AZ91 合金;(b) 5%复合材料;(c) 10%复合材料;(d) 15%复合材料。

是进行微弧氧化处理后的4种镁基材料的拉伸断口形貌。由图7-24(a)可见，AZ91合金的微弧氧化涂层断面上没有微裂纹或其他结构缺陷，涂层和基底之间的界面不是很清晰，说明涂层与基底合金的结合良好、具有较高的结合强度。对比之下，复合材料表面的涂层和基底之间由于存在台阶而界面清晰，说明二者不是在同一平面断裂，而且随着增强相体积分数越大，这种现象越明显。这可能是在拉伸过程中由于涂层与基底材料之间的结合强度较低造成的。在图7-24(b)、(d)中还可见，涂层中有一些封闭的微孔，这可能是SiC颗粒发生氧化产生的气体无法排出而产生的。

7.5.3 不同基底材料涂层相组成比较

AZ91合金和不同体积分数的SiCp/AZ91复合材料在硅酸盐体系电解液中进行微弧氧化处理制备涂层的XRD图谱如图7-25所示。图中没有进行标记的峰均为来自基底材料的α-SiC相。由图可见，4种镁基材料表面微弧氧化涂层的物相均以晶态的MgO相为主，还有少量的Mg_2SiO_4相。不同增强相体积分数的SiCp/AZ91复合材料在相组成上区别不大。

由图7-25还发现，4个XRD谱图在2θ为20°~40°的范围内都存在SiO_2非晶相的宽化峰，说明采用硅酸盐体系电解液在3种基底材料表面制备的微弧氧化涂层中都含有SiO_2非晶相。对于AZ91合金，基底材料中均不含Si元素，证明

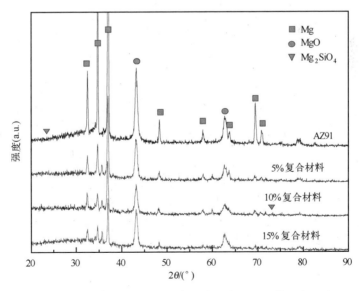

图7-25 4种镁基材料在硅酸盐体系电解液中制备的微弧氧化涂层的XRD图谱

是电解液中的 SiO_3^{2-} 离子参与反应形成 SiO_2 非晶;而对于含有 Si 元素的 SiCp/AZ91 复合材料,则 SiO_2 非晶的形成既有电解液中 SiO_3^{2-} 离子的参与,又有基底材料中 SiC 颗粒被氧化的结果。

7.6 工艺参数对涂层耐腐蚀性能的影响

本节以 10%复合材料为例,在前面关于电参数和电解液成分对该复合材料微弧氧化涂层组织结构影响规律研究的基础上,考察不同工艺条件下制备的微弧氧化涂层的耐腐蚀性能,揭示电参数和电解液对涂层耐腐蚀性能的影响规律。

7.6.1 脉冲电压的影响

图 7-26 所示为 10%复合材料在不同电压下制备的微弧氧化涂层在 NaCl 溶液中的动电位极化曲线。可见,该复合材料经过微弧氧化表面处理后,阴、阳极曲线均向低电流密度方向移动,说明复合材料在极化过程中的阴极过程与阳极过程均被微弧氧化涂层所抑制。另外,随着应用电压的提高,涂层的自腐蚀电流先降低,在 350V 时达到最低,当电压升至 400V 时,腐蚀电流又有所升高,说明涂层的耐腐蚀性能随着制备涂层时施加电压的提高先逐渐增强,在 350V 时达到最佳,而后又略有减弱。这是因为,在其他工艺参数保持恒定时,随微弧氧化处理的电压升高,所获得的涂层厚度增加,对基底材料的保护性随着增加。在 350V 的应用电压下制备的涂层耐腐蚀性能最好,腐蚀电流则降低了大约 3 个数

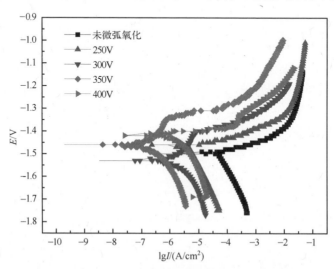

图 7-26 10%复合材料采用不同电压制备的微弧氧化涂层的动电位极化曲线

量级;而当电压升至400V时,涂层表面出现微裂纹,涂层对基底的保护性降低,自腐蚀电流仅略有下降。

7.6.2 电流密度的影响

由图7-8可见采用不同电流密度在10%复合材料表面制备的微弧氧化涂层厚度和微观组织结构上的区别,因此会表现出不同的耐腐蚀性能。图7-27是10%复合材料采用不同电流密度制备的微弧氧化涂层在NaCl溶液中的动电位极化曲线。由图可见,在不同电流密度下进行微弧氧化处理后,SiCp/AZ91复合材料的自腐蚀电流相对处理前均降低2~3个数量级,说明耐腐蚀性能都有一定程度的提高。随着电流密度的提高,涂层的自腐蚀电流先降低,在10A/dm²时达到最低,当电流密度升至14A/dm²时,腐蚀电流又有所升高,说明涂层的耐腐蚀性能随着制备涂层时施加电流密度的提高先逐渐增强,在10A/dm²时达到最佳,而后又略有减弱。通过比较认为,在涂层表面质量不被破坏的情况下,涂层越厚越能抑制腐蚀反应的发生。当电流密度升至14A/dm²时,腐蚀电流又有所升高,这是由于涂层表面出现了微裂纹,使涂层对基底的保护性降低,导致耐腐蚀性能的下降。

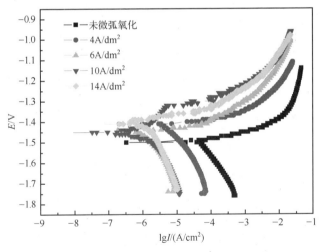

图7-27 10%复合材料采用不同电流密度制备的微弧氧化涂层的动电位极化曲线

7.6.3 频率的影响

图7-28所示为10%复合材料在不同频率下制备的微弧氧化涂层在NaCl溶液中的动电位极化曲线。由图可见,随着频率的提高,复合材料的涂层的自腐

蚀电流逐渐降低。频率为 600Hz 时,有涂层的复合材料的自腐蚀电流相对于没有涂层的复合材料的自腐蚀电流降低了将近 4 个数量级,表现出良好的耐腐蚀性能。频率升至 1000Hz 时,自腐蚀电压略有提高,使经过微弧氧化处理后的复合材料具有更高的化学稳定性。

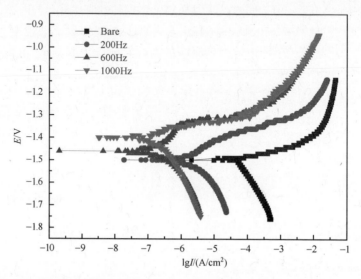

图 7-28 10%复合材料采用不同频率制备的微弧氧化涂层的动电位极化曲线

结合前面微弧氧化涂层显微组织的分析可知,在涂层厚度相差不大的情况下,涂层表面的微孔越均匀细小,对提高涂层的耐腐蚀性能越有利。所以,要获得具有良好耐腐蚀性能的微弧氧化涂层不能光靠一味地提高施加的能量,因为过高过于集中的能量会导致过高的残余内应力,诱发微裂纹,不利于涂层的耐腐蚀性能。选择较高的能量,并通过提高频率降低单脉冲能量,使能量更均匀地作用于试件,得到的微弧氧化涂层的耐腐蚀性能才能达到最佳。

7.6.4 占空比的影响

图 7-29 所示为 10%复合材料在不同占空比下制备的微弧氧化涂层在 NaCl 溶液中的动电位极化曲线。由图可见,随着占空比的提高,复合材料的涂层的自腐蚀电流先降低,在占空比为 8%时达到最低(相对无涂层的降低了 3 个数量级),当占空比达到 12%时,腐蚀电流又有所升高,说明涂层的耐腐蚀性能随着制备涂层时占空比的提高先逐渐增强,在 8%达到最佳,而后又减弱。

在固定其他电参数(电压 350V,频率 600Hz)的情况下,不同的占空比代表了不同的单脉冲能量,即不同的能量密度。在能量密度较小即较微弱的火花放

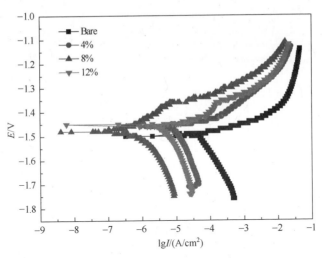

图 7-29 10%复合材料采用不同占空比制备的微弧氧化涂层的动电位极化曲线

电条件下,由于涂层被重复击穿,放电的机会少,而使涂层存在通孔的数量较多,且形成的涂层厚度小,则涂层的耐腐蚀性能相对较差。相反,在能量密度较大即火花放电较为剧烈的条件下,不仅获得的涂层厚度大,而且涂层被反复击穿的机会多,使先形成的放电残留微孔被新的火花放电熔融物覆盖的可能性较大,微弧氧化涂层中通孔的数量减少,从而涂层的耐腐蚀性能较好。可见,在同一种控制模式下进行微弧氧化处理时,在涂层表面质量不被破坏的情况下,涂层厚度越高,一般涂层的耐腐蚀性能越好。但是,过于剧烈的火花放电会使涂层表面粗糙、致密度下降,剧烈放电也容易对涂层造成冲击而产生热震裂纹,涂层内部的残余应力释放时也可能由于涂层厚度较高而产生微裂纹等缺陷,这些因素可能反而会导致厚度较高的涂层耐腐蚀性能变差。

调整电解液成分可以获得具有不同成分和微观组织结构的微弧氧化涂层,进而改变涂层的耐腐蚀性能。在相同的电参数下,分别采用硅酸盐和铝酸盐体系电解液在10%复合材料表面制备的涂层的动电位极化曲线如图 7-30 所示。由图可见,相对于在铝酸盐体系电解液中制备的微弧氧化涂层,在硅酸盐体系电解液中制备的微弧氧化涂层腐蚀电流降低了一个数量级,说明在硅酸盐体系电解液中制备的微弧氧化涂层的耐腐蚀性能明显高于在铝酸盐体系电解液中制备的微弧氧化涂层。两种电解液制备的微弧氧化涂层在显微结构和相组成上差别不大,耐腐蚀性能上的差异主要源于两种涂层在厚度上的差别,在硅酸盐体系电解液中制备的微弧氧化涂层的厚度明显大于在铝酸盐体系中制备的涂层。

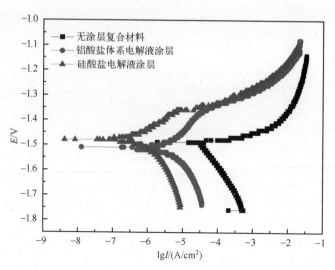

图7-30　10%复合材料在不同的电解液中制备的微弧氧化涂层的动电位极化曲线

7.7　基体材料对涂层耐腐蚀性能影响

前面研究已经表明,不同镁基材料表现出不同的微弧氧化行为,从而使各基底材料表面形成的涂层在微观组织结构上有所不同。本节主要从浸泡腐蚀试验、动电位极化曲线和交流阻抗谱等方面探讨 AZ91 镁合金与增强体体积分数分别为 5%、10% 和 15% 的 SiCp/AZ91 镁基材料微弧氧化涂层耐腐蚀性能的区别。

图7-31 为 AZ91 镁合金与增强体体积分数分别为 5%、10% 和 15% 的 SiCp/AZ91 镁基材料 4 种基底材料及其表面微弧氧化涂层在 3.5% NaCl 溶液中的浸泡腐蚀失重量随浸泡时间的变化曲线。由图可见,经过微弧氧化处理,4 种镁基材料的耐腐蚀性能均有不同程度的提高。

SiCp/AZ91 复合材料本身的耐腐蚀能很差,浸泡到 NaCl 溶液中以后,很快就有氢气泡产生,试样表面发生腐蚀反应,随着基体合金的逐渐溶解,SiC 颗粒从复合材料中脱落下来,随着增强体体积分数的增加,这种现象更为显著。有涂层的 3 种体积分数的复合材料浸泡腐蚀性能的差别主要源于 3 种基底材料本身腐蚀性能的差别。由此可见,微弧氧化涂层对于基底材料的保护程度不仅跟涂层本身的微观组织结构密切相关,还可能跟基底本身的耐腐蚀性能有关,尤其是在涂层厚度较低或涂层中存在通孔的情况下,基底本身的耐蚀性会对腐蚀失重量影响较大。在涂层被破坏程度较轻、基底没有被严重暴露在腐蚀介质中时,腐蚀失重量主要取决于涂层的腐蚀情况。而一旦涂层被腐蚀溶解,基底暴露于腐蚀介质中时,基底材料本身的腐蚀将会使腐蚀失重量急剧增加,成为腐蚀的主导因素。

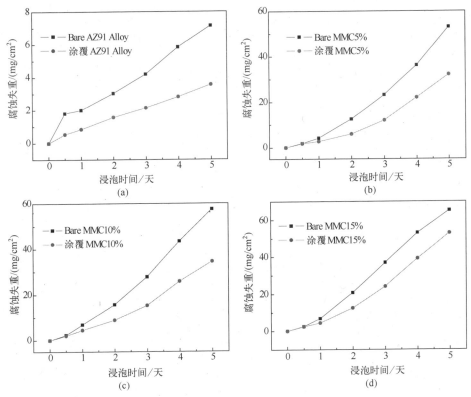

图 7-31 微弧氧化处理前后的镁基材料在 NaCl 溶液中浸泡腐蚀失重随浸泡时间变化曲线

图 7-32 所示为采用硅酸盐体系电解液及相同的电参数在 AZ91、5%复合材料、10%复合材料和 15%复合材料等镁基材料表面制备的微弧氧化涂层的动电位极化曲线。由图可见,4 种镁基材料的自腐蚀电位基本一样,腐蚀电流则是随着增强相体积分数的增加而降低。相对于镁基复合材料,镁合金的腐蚀电流更低,镁合金表面的微弧氧化涂层比较均匀致密。而复合材料的增强相 SiC 颗粒在微弧氧化过程中会发生氧化生成 SiO_2,伴随着会产生 CO_2 气体,使复合材料的复合氧化涂层相对疏松。同时,暴露在复合材料表面的 SiC 颗粒处微弧氧化涂层的厚度往往较低,因而会不利于涂层的耐腐蚀性能。复合材料中的增强体体积分数越大,这种效应越明显,所以随着增强体体积分数的增加,复合材料的微弧氧化涂层的耐腐蚀性能逐渐下降。

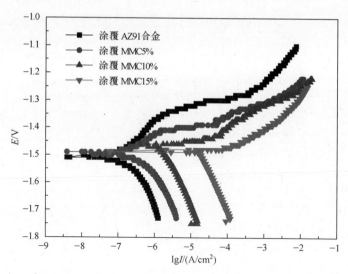

图 7-32　镁基材料采用相同工艺条件制备的微弧氧化涂层的动电位极化曲线

　　采用相同工艺在 AZ91 和不同增强相体积分数的 SiCp/AZ91 复合材料表面制备的微弧氧化涂层的交流阻抗谱如图 7-33 所示。由图 7-33(a)可见,AZ91 合金表面涂层的阻抗值达到 27000Ω,远远高于没有涂层的阻抗值 600Ω;随着增强相体积分数的增加,基底材料表面涂层的阻抗值明显下降,5%复合材料的涂层的阻抗值为 20000Ω 左右,而当增强相体积分数增加至 15%时,基底材料表面涂层的阻抗值已降至 5000Ω,但仍比没有涂层的对应基底材料的阻抗值(300Ω 左右)高很多。交流阻抗谱表征的涂层的耐腐蚀性能与动电位极化曲线表征的基本一致。

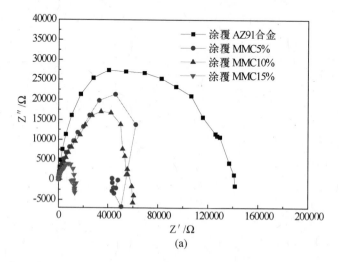

(a)

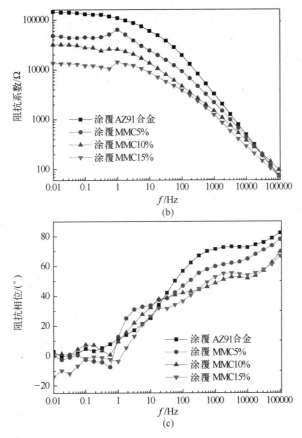

图 7-33　镁基材料采用相同工艺条件制备的微弧氧化涂层的交流阻抗谱
(a) 奈奎斯特图；(b) 波特模图；(c) 波特相角图

7.8　微弧氧化涂层的腐蚀行为

本节通过对 AZ91 镁合金和增强相体积分数分别为 5%、10%、15% 的 SiCp/AZ91 镁基复合材料表面微弧氧化涂层的腐蚀形貌考察各涂层在电化学加速腐蚀和浸泡腐蚀条件下的腐蚀行为。

7.8.1　电化学加速腐蚀条件下涂层的腐蚀破坏

图 7-34 所示为微弧氧化处理前后的 AZ91 合金在电化学加速腐蚀试验后的腐蚀形貌。图 7-34(a) 表明，AZ91 合金在电化学加速腐蚀的条件下发生全面腐蚀，图中的暗色区域是合金已经被腐蚀的部位。图 7-34(b) 表明，微弧氧化

处理后的 AZ91 合金在电化学加速腐蚀条件下表现出点腐蚀行为。

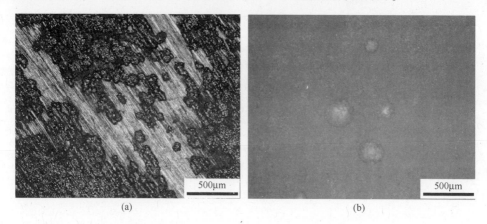

(a)　　　　　　　　　　　　　　(b)

图 7-34　AZ91 合金及其表面微弧氧化涂层在电化学加速腐蚀试验后的光学腐蚀形貌

(a) 无涂层;(b) 有涂层。

通过 SEM 进一步观察 AZ91 合金表面微弧氧化涂层的点蚀区形貌发现:点蚀坑较深,腐蚀已经穿透涂层发生在基底上;但在远离点蚀坑的区域,涂层并未遭到腐蚀破坏,而是呈现正常的微弧氧化涂层形貌;在蚀坑中残留一些腐蚀产物(图 7-35),说明点蚀主要向深度的方向发展,点蚀坑较深。

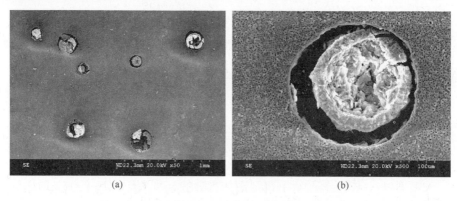

(a)　　　　　　　　　　　　　　(b)

图 7-35　AZ91 合金表面微弧氧化涂层在电化学加速腐蚀试验后的 SEM 形貌

(a) 低倍;(b) 高倍。

图 7-36 为微弧氧化处理前后的 5%复合材料在电化学加速腐蚀试验后的腐蚀形貌。图 7-36(a)表明,5%复合材料在电化学加速腐蚀的条件下发生了全面腐蚀,其中暗色区域为该复合材料腐蚀后的形貌。图 7-36(b)表明,5%复合材料表面的微弧氧化涂层在电化学加速腐蚀条件下也出现点蚀行为,与 AZ91

214

合金表面的微弧氧化涂层的腐蚀行为相似。

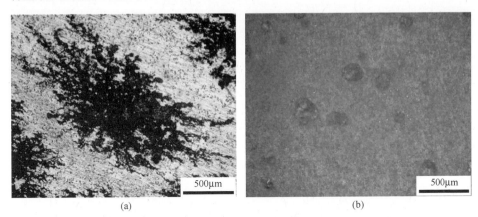

(a)   (b)

图 7-36　5%复合材料及其表面微弧氧化涂层在电化学加速腐蚀试验后的光学腐蚀形貌
(a) 无涂层;(b) 有涂层。

　　5%复合材料表面微弧氧化涂层发生点腐蚀后的 SEM 形貌如图 7-37 所示。由图可见,除少数点蚀坑以外,涂层表面没有其他腐蚀破坏的痕迹。但如果点蚀坑较深,穿透涂层达到基底,就会使复合材料发生严重的腐蚀。图 7-37(a) 表明,涂层发生点蚀破坏后,对裸露出来的基底失去保护作用,基底材料接触到腐蚀介质后,在电化学加速腐蚀的条件下会快速腐蚀使点蚀坑加深。与图 7-35 比较可见,相对于合金的点蚀坑,复合材料的点蚀坑的边缘没那么平整,且深度较小,坑中残留的腐蚀产物也较少,说明复合材料点腐蚀不但向深度的方向发展,而且还会向四周扩展,扩展到一定程度还会出现相邻的点蚀坑连起来的现象。

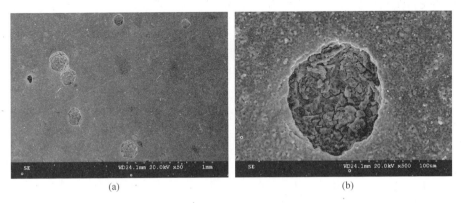

(a)   (b)

图 7-37　5%复合材料表面微弧氧化涂层在电化学加速腐蚀后的 SEM 形貌
(a)低倍;(b) 高倍。

图 7-38 为微弧氧化处理前后的 10%复合材料在电化学加速腐蚀试验后的腐蚀形貌。图 7-38(a)表明,10%复合材料在电化学加速腐蚀的条件下发生了全面腐蚀,其中暗色区域为该复合材料腐蚀后的形貌。图 7-38(b)表明,10%复合材料表面的微弧氧化涂层在电化学加速腐蚀条件下也出现点蚀行为,与 AZ91 合金表面的微弧氧化涂层的腐蚀行为相似。

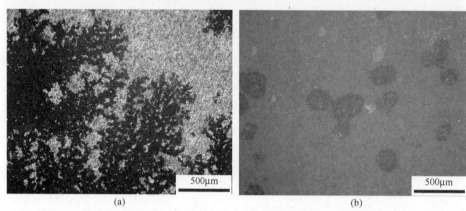

(a)   (b)

图 7-38　10%复合材料及其表面微弧氧化涂层在电化学加速腐蚀试验后的光学腐蚀形貌
(a) 无涂层;(b) 有涂层。

　　10%复合材料表面微弧氧化涂层发生点腐蚀后的 SEM 形貌如图 7-39 所示。跟 AZ91 合金和 5%复合材料比较,10%复合材料表面微弧氧化涂层上点蚀坑的数量明显增加,出现更多点蚀坑相连的现象,同时点蚀坑向四周扩展的趋势更明显。这说明相对于前两种材料的涂层,10%复合材料表面微弧氧化涂层对基底复合材料的保护较弱。

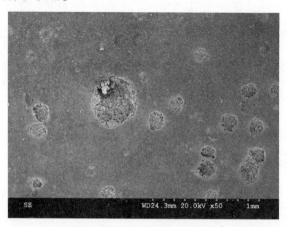

图 7-39　10%复合材料表面微弧氧化涂层在电化学加速腐蚀后的 SEM 形貌

图 7-40 为微弧氧化处理前后的 15%复合材料在电化学加速腐蚀试验后的腐蚀形貌。图 7-40(a)表明,15%复合材料在电化学加速腐蚀的条件下发生了全面腐蚀,其中暗色区域为该复合材料腐蚀后的形貌。图 7-40(b)表明,15%复合材料表面的微弧氧化涂层在电化学加速腐蚀条件下也出现点蚀行为,与 AZ91合金表面的微弧氧化涂层的腐蚀行为相似。

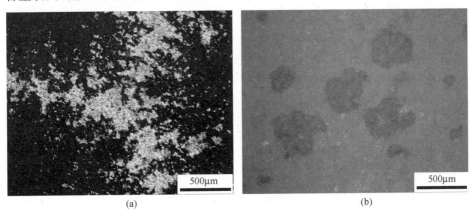

(a)   (b)

图 7-40   15%复合材料及其表面微弧氧化涂层在电化学加速腐蚀试验后的光学腐蚀形貌
(a) 无涂层;(b) 有涂层。

15%复合材料表面微弧氧化涂层发生点腐蚀后的 SEM 形貌如图 7-41 所示。与前面提及的 AZ91 合金、5%复合材料和 10%复合材料相比,15%复合材料表面微弧氧化涂层发生腐蚀的区域面积较大,而不是呈现规则的点蚀形貌。同时,该涂层在深度的方向上的腐蚀较浅。这些都说明该涂层的耐腐蚀性能不如前几种镁基材料表面的涂层,即其对基底复合材料的保护作用不如前几种镁基材料表面的涂层。

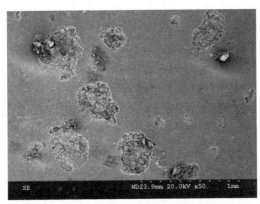

图 7-41   15%复合材料表面微弧氧化涂层在电化学加速腐蚀后的 SEM 形貌

7.8.2　浸泡腐蚀条件下的涂层的腐蚀破坏

在浸泡腐蚀条件下,未经表面处理的 AZ91 合金、5%复合材料、10%复合材料和15%复合材料等镁基材料均发生全面腐蚀,而且复合材料的腐蚀速度比合金快。但是,这 4 种镁基材料表面的微弧氧化涂层在浸泡腐蚀的条件下表现出的腐蚀行为则有所不同。

图 7-42 所示为微弧氧化处理后的 AZ91 合金在 3.5% NaCl 溶液中浸泡不同时间后的形貌。浸泡 12h 后,涂层未发生腐蚀。随着浸泡时间的延长,涂层表面逐渐显现出基底材料表面的划痕,说明涂层在腐蚀介质中可能因为缓慢溶解而变"薄"。浸泡时间延长至 24h 后,出现少数腐蚀坑(图 7-42(c))。随着浸泡时间的延长,边缘的腐蚀坑逐渐加深,同时腐蚀区域向试样表面的涂层蔓延,造成腐蚀失重量的逐渐增加。

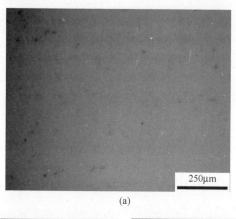

(a)

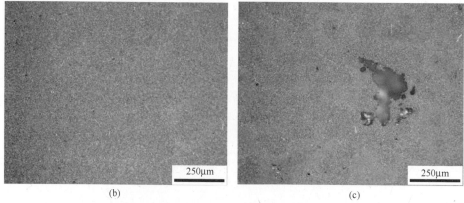

(b)　　　　　　　　　　　　　　　　　　　(c)

图 7-42　AZ91 合金表面微弧氧化涂层在 NaCl 溶液中浸泡不同时间后的光学腐蚀形貌
(a) 浸泡前;(b) 浸泡 12h;(c) 浸泡 24h。

图 7-43 所示为微弧氧化处理后的 5%复合材料在 3.5% NaCl 溶液中浸泡不同时间后的形貌。由图可见,浸泡 12h 后,复合材料表面的微弧氧化涂层可能因为缓慢溶解而变"薄",开始显露出基底复合材料,同时出现腐蚀坑,腐蚀坑的边缘较平整,说明腐蚀坑主要还是向深度的方向发展,其他区域在涂层的保护下没有发生腐蚀。

图 7-43　5%复合材料表面微弧氧化涂层在 NaCl 溶液中浸泡不同时间后的光学腐蚀形貌
(a) 浸泡前;(b) 浸泡 12h。

图 7-44 为微弧氧化处理后的 10%复合材料在 3.5% NaCl 溶液中浸泡不同时间后的形貌。由图可见,浸泡 12h 后,相对于 5%复合材料,10%复合材料表面微弧氧化涂层的腐蚀坑更大,且腐蚀坑明显向四周扩展。当浸泡时间达到 72 小时后,逐渐演变成涂层的全面腐蚀,涂层逐渐失去对基底的保护作用。

图 7-44　10%复合材料微弧氧化涂层在 NaCl 溶液中浸泡不同时间的光学腐蚀形貌
(a) 浸泡前;(b) 浸泡 12h。

图 7-45 为微弧氧化处理后的 15% 复合材料在 3.5% NaCl 溶液中浸泡不同时间后的形貌。由图可见,经过 12h 的浸泡,复合材料表面的微弧氧化涂层发生较为严重的腐蚀。腐蚀由点蚀开始向周围的涂层扩展,在涂层深度方向上的腐蚀较浅,这与该涂层在电化学加速腐蚀条件下的腐蚀行为相似。浸泡 48h 后,逐渐演变成涂层的全面腐蚀,基底复合材料迅速腐蚀而溶解。

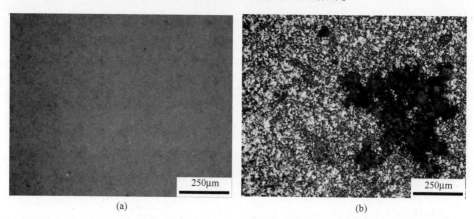

(a)   (b)

图 7-45　15% 复合材料微弧氧化涂层在 NaCl 溶液中浸泡不同时间的光学腐蚀形貌
(a) 浸泡前;(b) 浸泡 12h。

参 考 文 献

[1]　Hihara LH, Latanision RM. Corrosion of Metal Matrix Composites. Int. Mater. Rev. 1994, 39 (6):245-264.

[2]　Otani T, McEnaney B, Scott VD. Corrosion of Metal Matrix Composites. Proceedings of the International Symposium on Advances in Cast Reinforced Metal Composites, Chicago, IL, USA. , 1988:383-385.

[3]　黄文现. SiCp/AZ91 镁基复合材料微弧氧化工艺与涂层耐腐蚀性能研究. 哈尔滨:哈尔滨工业大学, 2008.

[4]　Yerokhin A, Voevodin AA. Method for Forming Coatings by Electrolyte Discharge and Coatings Formed thereby. US Patent 5720866, 1998

[5]　Wang XS, Feng XQ, Guo XW. Failure Behavior of Anodized Coating-Magnesium Alloy Substrate Structures. Key Eng. Mater, 2004, 261-263:363-368.

[6]　Huang P, Wang F, Xu KW, et al. Mechanical Properties of Titania Prepared by Plasma Electrolytic Oxidation at Different Voltages. Surf. Coat. Technol. , 2007, 201:5168-5171.

[7]　王艳秋. 镁基材料微弧氧化涂层的组织性能与生长行为研究. 哈尔滨:哈尔滨工业大学, 2007:25-31.

[8]　王亚明. Ti6Al4V 合金微弧氧化涂层的形成机制与摩擦学行为. 哈尔滨工业大学博士学位论文, 2006:28-39.

[9]　Fukuda H, Matsumoto Y. Effects of Na_2SiO_3 on Anodization of Mg-Al-Zn Alloy in3M KOH Solution. Corros. Sci. , 2004, 46:2135-2142.

［10］　薛文斌,邓志威,陈如意,等. 钛合金在硅酸盐溶液中微弧氧化陶瓷膜的组织结构. 金属热处理,
　　　　2000(2):5-7.

［11］　Gruss LL, McNeil W. Anodic Spark Reaction Products in Aluminate, Tungstate and Silicate Solutions.
　　　　Electrochem. Technol. 1963,1:9-10,283-287.

［12］　Brown SD, Kuna KJ, Van TB. Anodic Spark Deposition from Aqueous Solutions of NaAlO$_2$ and Na$_2$SiO$_3$.
　　　　J. Am. Ceram. Soc. ,1971,54 (8):384-390.

［13］　Wang YQ, Wang XJ, Gong WX, et al, Effect of SiC particles on microarc oxidation process of magnesium
　　　　matrix composites. Applied Surface Science, 283 (2013) 906-913.

［14］　Wang YQ, Wang XJ, Zhang T, et al. Role of β phase during microarc oxidation of Mg alloy AZ91D and
　　　　corrosion resistance of the oxidation coating. Journal of Materials Science and Technology,2013,29(12),
　　　　1129-1133.

［15］　Paciej RC, Agarwala VS. Influence of Processing Variables on The Corrosion Susceptibility of Metal-
　　　　matrix Composites. Corrosion,1988,44:680.

［16］　Curran JA, Clyne TW. Thermo - Physical Properties of Plasma Electrolytic Oxide Coatings on
　　　　Aluminium. Surf. Coat. Technol. ,2005,199:168-176.

［17］　Khan RHU, Yerokhin AL, Pilkington T, et al. Residual Stresses in Plasma Electrolytic Oxidation Coatings
　　　　on Al Alloy Produced by Pulsed Unipolar Current. Surf. Coat. Technol. ,2005,200:1580-1586.

［18］　Wang Y, Wang J, Zhang J, et al. Characteristics of Anodic Coatings Oxidized to Different Voltage on
　　　　AZ91D Mg Alloy by Micro-arc Oxidization Technique. Mater. Corros. 2005,56 (2):88-92.

［19］　Shi ZM, Song GL, Atrens A. Influence of the β Phase on the Corrosion Performance of Anodized Coatings
　　　　on Magnesium-Aluminium Alloys. Corros. Sci. ,2005,47:2760-2777.

第 8 章　颗粒增强镁基复合材料的
应用研究及展望

基于前几章研究成果,本章将对颗粒增强镁基复合材料的应用研究进行了探索性研究,为颗粒增强镁基复合材料的规模生产和应用进行验证,并对颗粒增强镁基复合材料的应用前景进行展望。

8.1　颗粒增强镁基复合材料大尺寸的铸锭制备技术

在第 2 章研究的基础上,本节对颗粒增强镁基复合材料的大尺寸铸锭制备技术进行了探索性研究,成功制备出直径 350mm,高 500mm 的 SiCp/AZ91 镁基复合材料大尺寸铸锭(100kg),成功设计出镁基复合材料较大尺寸铸锭制备设备,优化了制备大尺寸铸锭的搅拌铸造工艺参数,成功掌握了大尺寸铸锭的生产和制备技术,填补了国内该项技术的空白。从目前公开报道文献上看,100kg 的镁基复合材料铸锭在国际上也是排在前列。大尺寸铸锭照片如图 8-1 所示。

图 8-1　搅拌铸造 SiC 颗粒增强镁基复合材料大尺寸铸锭照片
(SiC 颗粒尺寸 10μm、体积分数 20%,直径 350mm,高 500mm、质量 100kg)

8.2　颗粒增强镁基复合材料的管材成型技术

管材是应用较为广泛的一种结构件,为此我们对颗粒增强镁基复合材料的厚壁管材和薄壁管材成型进行了研究。如图 8-2 所示,成功制备出 SiCp/AZ91 镁基复合材料的较大口径的厚壁管材,目前国内外尚未见到类似的报道。挤压后,复合材料中颗粒分布如图 8-3 所示。铸态复合材料和挤压管材的力学性能如表 8-1 所列。

(a)   (b)

图 8-2　20%10μm SiCp/AZ91 复合材料较大口径厚壁管材照片
(a) 外径 130mm、内径 100mm、长 1500mm;
(b) 外径 260mm、内径 200mm、长 1000mm。

 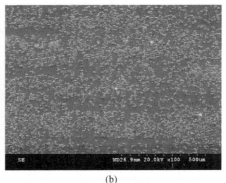

(a)   (b)

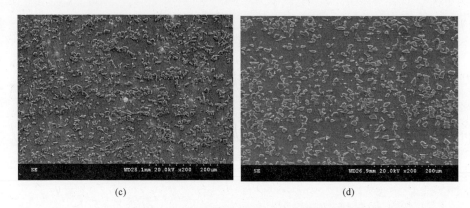

(c)   (d)

图 8-3 20%10μm SiCp/AZ91 复合材料较大口径厚壁管材的 SEM 显微组织

(a)、(c)垂直于挤压方向;(b)、(d)平行于挤压方法。

表 8-1 20%10μm SiC/AZ91 复合材料大尺寸铸锭和厚壁管材的拉伸力学性能

材料	屈服强度/MPa	抗拉强度/MPa	弹性模量/GPa	延伸率/%
AZ91 合计	72	183	43	7
铸态(20%)	123	160	68	0.5
挤压态(20%)	261	340	75	1.7

相对于厚壁管材,薄壁管材的挤压成型更为困难。通过研究,掌握了颗粒增强镁基复合材料薄壁管材的热挤压成型技术,成功挤压出 SiCp/AZ91 镁基复合材料的薄壁管材,其照片如图 8-4 所示。

图 8-4 20%10μm SiCp/AZ91 复合材料薄壁管材照片(外径 32mm,壁厚 2mm)

8.3 颗粒增强镁基复合材料的应用展望

颗粒增强镁基复合材料具有密度小、高比刚度和高比强度等优点,成本相对低廉,在轻量化领域具有重要的应用前景。根据国内外相关研究和报道,其主要应用前景如下:

(1)导弹构件,如导弹尾翼、导弹舱体、仪表舱体和飞行翼片等。

(2)卫星构件,如卫星预埋件、仪表架、天线结构、轴套、支柱、横梁和一些次结构件,主要替代铝合金。

(3)雷达构件,如雷达支架、电磁屏蔽盒等。

(4)无人机构件,主要发挥镁基复合材料绝对密度小,高比刚度和高比强度优势。

(5)民用领域,如皮带轮、链轮等轻质耐磨构件,汽车和自行车构件等。

参 考 文 献

[1] 吴昆,王晓军.金属基复合材料研究及应用现状.复合材料信息与学科进展.北京:国防工业出版社,2011.

[2] 董成才,王晓军,吴昆.SiCp/AZ91 镁基复合材料管的热挤压成形、组织与性能.复合材料性能测试与检测.第十六届全国复合材料学术会议,2010:711-714

[3] 董群,陈礼清,赵明久,等.镁基复合材料制备技术、性能及应用发展概况.材料导报,2004,18(4):8-90

[4] 郑明毅,吴昆,赵敏,等.不连续增强镁基复合材料的制备与应用.宇航材料工艺,1997,6:6-10

[5] 田园,靳玉春,赵宇宏,等.SiC增强镁基复合材料的研究与应用.热加工工艺,2014,43(22):22-25

内 容 简 介

本书总结了作者在颗料增强镁基复合材料方面的部分研究工作,简要介绍了镁基复合材料的国内外研究现状。本书共分为 8 章,分别对颗粒增强镁基复合材料的搅拌铸造制备技术、挤压铸造制备技术、高温变形行为、热挤压、腐蚀行为和微弧氧化涂层防腐蚀技术等进行详细介绍;最后简要介绍了颗粒增强镁基复合材料的工程应用技术,并对颗粒增强镁基复合材料的应用进行了展望。

本书可作为高等院校、研究院所材料科学与工程、冶金工程、腐蚀与防护等相关领域的教师、研究人员和工程技术人员的参考书

The present Book summarizes part of the author's work on patricles reinforced magnesium matrix composites and briefly introduces the state-of-art of the composites. The whole content can be divided into 8 chapters, including stir casting fabrication method, squeeze casting fabrication method, thermodynamic deformation behavior, hot extrusion, corrosion behavior and microarc oxidation surface treatment technique, and it also gives a brief introduction of engineering application and prospects the future of particulate reinforeced magnesium matrix composites.

The present work can serve as reference book for teachers, researchers and technicians in the fields of Materials Science and Engineering, Metallurgical Engineering, Corrosion and Protection at universities and institutes.